AF470006

L'UNION FAIT LA FORCE.

BIBLIOTHÈQUE RURALE

INSTITUÉE PAR LE GOUVERNEMENT.

MANUEL FORESTIER.

BRUXELLES.

1851

STAPLEAUX
éditeur.

1re SÉRIE, N° 12.

BIBLIOTHÈQUE RURALE

INSTITUÉE

PAR LE GOUVERNEMENT.

MANUEL FORESTIER.

MANUEL

FORESTIER

PAR

M. CLÉMENT,
AGRONOME DU ROI.

BRUXELLES.
G. STAPLEAUX, IMPRIMEUR-ÉDITEUR,
RUE DE LA MONTAGNE, N° 51.

1851

SCIENCE FORESTIÈRE.

On entend par forêt une surface de terrain d'une assez vaste étendue, peuplée d'arbres ou d'arbustes sauvages.

On entend par bois une partie de forêt ayant des limites déterminées pour l'ordre de l'exploitation.

Les forêts font l'objet de la science forestière, et celle-ci comprend les principes de les créer et de les traiter de la manière la plus rationnelle et la plus convenable pour les intérêts du propriétaire et pour les besoins de la société.

L'étude de la science forestière comporte deux grandes divisions ou parties, savoir :

A. La production forestière ;

B. L'économie forestière.

La première nous apprend la manière et les moyens de cultiver, de conserver et d'exploiter les forêts ; la deuxième nous fait connaître comment ces divers moyens peuvent et doivent être mis en rapport avec le but du propriétaire et avec l'utilité publique.

D'après ces définitions, la production forestière doit comprendre :

1° La culture 2° La conservation 3° L'utilisation ou l'exploitation	des bois.

L'économie forestière s'occupe plus spécialement de :

1° L'aménagement 2° L'estimation 3° L'organisation et la direction	des forêts.

PREMIÈRE PARTIE.

PRODUCTION FORESTIÈRE.

CHAPITRE PREMIER.

CULTURE FORESTIÈRE.

La culture forestière apprend non-seulement la manière et les moyens de traiter et de régénérer les bois existants, mais elle apprend aussi à en créer de nouveaux, soit là où il n'en existe pas encore, soit à la place de ceux existants, mais qui sont impropres à la reproduction, ou ne répondent plus au but du propriétaire.

La culture forestière, envisagée sous ces divers points de vue, se divise :

1° En culture forestière naturelle ;

2° En culture forestière artificielle.

La première nous donne les moyens naturels par lesquels, à la place d'anciens bois parvenus à l'âge d'exploitabilité, on peut provoquer et obtenir la reproduction de bois nouveaux de même espèce. On pourrait lui donner le nom de *sylviculture* proprement dite.

La seconde apprend la manière et les moyens dont la science et l'art disposent pour boiser des terrains vagues ou incultes, pour repeupler les clairières ou places vides, et enfin pour changer et pour modifier les essences des bois existants, afin de les rendre plus parfaits et plus productifs.

On pourrait l'appeler aussi *arboriculture.*

CULTURE FORESTIÈRE NATURELLE OU SYLVICULTURE.

Pour régénérer les bois parvenus à l'âge d'exploitabilité, la nature possède deux grands moyens :

1° L'ensemencement naturel, par lequel les anciens bois se régénèrent de semences tombant naturellement des vieux arbres ;

2° Le rejet et le drageon.

On nomme *rejet* l'arbre qui prend naissance sur une souche dont la tige a été coupée, et on nomme *drageon* celui qui s'élève sur une racine.

C'est sur ces deux modes de régénération des bois que sont fondés les divers systèmes de culture.

C'est ainsi que l'on a :

1° Le système des futaies, quand la régénération a lieu par ensemencement naturel ;

2° Le système des *taillis,* quand la régénération a lieu par rejets ou par drageons ;

3° Le système des futaies sur taillis, quand la régénération a lieu par les deux modes à la fois.

Ces deux derniers systèmes ne sont applicables qu'aux *essences feuillues,* qui seules possèdent la propriété, à un degré plus ou moins élevé, de donner naissance à des rejets et à des drageons, lorsque l'arbre est coupé près de terre ou à une certaine élévation au-dessus du sol.

Les essences *résineuses* ne peuvent se régénérer

que par semences, et on ne les cultive que d'après le système des futaies.

DES FUTAIES.

Le réensemencement naturel n'est possible qu'à un certain âge des arbres. Cette possibilité commence avec l'époque où les arbres portent des graines fécondes en quantité suffisante, et finit quand cette propriété s'affaiblit et s'éteint.

Dans la végétation des arbres il y a trois phases bien distinctes : celle des premières années, pendant lesquelles l'accroissement est faible, comparé avec ce qu'il devient plus tard ; celle de l'âge moyen, pendant lequel il est le plus grand ; enfin celle des dernières années, pendant lesquelles il diminue.

L'arbre qui a parcouru cette deuxième phase, cet âge moyen, est parvenu à son âge ou état d'exploitabilité naturel ou absolu. C'est en général l'âge d'exploitabilité ou d'abatage qu'il faudrait adopter pour les futaies.

Il y a pour les futaies divers *modes de traitement.*

Le premier mode, qui est aussi le plus ancien, c'est le mode du *jardinage* ou *furetage.*

Le deuxième mode est le régime dit *à tire et aire,* ou coupe à blanc étoc par bandes longues et étroites.

Enfin le troisième mode est celui de l'ensemencement naturel d'après la méthode allemande, ou coupes pleines avec éclaircies périodiques.

DU JARDINAGE OU FURETAGE.

Le jardinage ou furetage consiste à enlever çà et

1.

là les arbres les plus vieux, les bois dépérissants, viciés ou secs, et d'autres en bon état de croissance, mais qui sont réclamés pour le commerce ou la consommation locale.

Quand le jardinage s'étend sur toute l'étendue de la forêt, on le dit *irrégulier* ou *non réglé*.

Il est *régulier* ou *réglé* quand il ne s'étend que sur 1/3 ou 1/4 de la forêt, tandis que les autres 2/3 ou 3/4 restent préservés jusqu'à ce que le plus jeune bois ait atteint l'âge de 30 à 40 ans.

La reproduction est ainsi complétement assurée, puisqu'on n'enlève que 3 à 5 des plus gros arbres, et que les jeunes brins restent suffisamment ombragés.

La forêt soumise au furetage possède pendant toute la durée de celui-ci un aspect irrégulier, à cause de la différence d'âge des arbres ; toutefois cet aspect se perd plus ou moins, parce que les arbres dominants étouffent complétement les plus faibles, ou parce que ceux-ci, se trouvant serrés, s'élancent avec vitesse au niveau des autres, de manière qu'avec le temps la forêt paraisse plus régulière.

Les arbres acquièrent, dans ces forêts ainsi traitées, une plus grande force de diamètre, en fort peu de temps, parce qu'ils se trouvent plus clair-semés.

Cette méthode ne s'applique généralement qu'aux bois résineux, et remplace ici la futaie sur taillis, appliquée aux bois feuillus.

Elle ne convient que pour les essences qui supportent bien et longtemps l'ombrage; ainsi, particulièrement aux sapins blancs ou argentés (*pinus abies*), moins aux sapins rouges (*pinus picea*), et moins encore aux pins sylvestres (*pinus sylvestris*).

MÉTHODE DITE A TIRE ET AIRE OU DES COUPES A BLANC ÉTOC.

La méthode dite à tire et aire, ou la coupe à blanc étoc, consiste à asseoir des coupes par bandes longues et étroites de contenances égales, de proche en proche et sans rien laisser en arrière, dans une direction opposée à celle des vents dominants.

Ces coupes se font ordinairement par une année que les arbres sont chargés de graines en abondance et avant que le sol ait été envahi par des herbes et autres plantes sauvages. Si cette époque se laisse trop attendre, alors, au moins, le dérodage des étocs est reculé pendant quelque temps.

Cette méthode ne peut du reste être mise en usage que pour les essences à semences ailées et légères, comme pour le sapin rouge (*pinus picea*), le pin sylvestre (*pinus sylvestris*), le bouleau (*betula alba*), etc., puisque ces semences seules peuvent être transportées par le vent dans l'espace, et que ces essences à semences légères peuvent seules se passer de l'ombrage des vieux arbres.

La coupe à blanc étoc ne se pratique généralement que sur le sapin rouge (*pinus picea*), dans les hautes montagnes où, à cause de la violence des vents, des coupes régulières avec éclaircies deviendraient dangereuses pour les épicéas à racines traçantes et peu fixes dans le sol.

Le réensemencement et la reproduction restent toujours encore incomplets, les jeunes brins sont souvent étouffés par les mauvaises herbes; et une culture artificielle devient nécessaire; celle-ci est toujours indispensable quand une année d'abondance de semences se fait trop longtemps attendre.

DE L'ENSEMENCEMENT NATUREL D'APRÈS LA MÉTHODE ALLEMANDE, OU DES COUPES PLEINES AVEC ÉCLAIRCIES PÉRIODIQUES.

Ce mode d'ensemencement naturel des futaies, d'après la méthode allemande, consiste à mettre, au moyen d'une première coupe, la forêt qui est en âge d'exploitabilité, dans de telles conditions que toute la surface puisse également recevoir une quantité de semences suffisante, permettre l'accès de l'air et de l'humidité nécessaires à la germination et à la végétation des jeunes plantes, et empêcher l'envahissement du sol par les plantes parasites et les mauvaises herbes.

Cette première coupe, dite *coupe préparatoire, coupe d'ensemencement,* ou encore *coupe sombre,* s'opère, abstraction faite de la nature des essences, et de la force de végétation, plus forte quand elle a lieu pendant une année de semences et plus faible quand celle-ci se laisse encore attendre, ou quand le sol a une forte propension à se couvrir d'herbes, ou que la position climatérique est telle que les fortes chaleurs ou les gelées sont à craindre.

Suivant la nature des essences, du sol et du climat, les jeunes brins ont pendant plus ou moins longtemps besoin de l'ombre des vieux arbres, et ce n'est que quand ces brins ont acquis une certaine grosseur qu'ils peuvent être complétement exposés à l'action du soleil par l'abatage d'une certaine partie des vieux arbres. Cette deuxième coupe peut s'appeler *coupe secondaire* ou *coupe claire.*

Lorsque enfin le recru s'est tellement bien fortifié, qu'il n'a plus d'ennemis à craindre, qu'il peut être sans crainte exposé à l'action du chaud et du froid, une troisième coupe enlève tout le reste des vieux arbres, et s'appelle *coupe définitive* ou *coupe pleine*.

La coupe secondaire et la coupe définitive doivent toujours se faire à une époque de l'année où le recru en a le moins à souffrir, et le transport du bois doit être soumis à la plus stricte surveillance, afin d'occasionner le moindre dégât possible.

Le choix de l'assiette des coupes ou plutôt des lieux où les coupes doivent se faire est de la dernière importance pour la bonne réussite du repeuplement naturel et de l'amélioration de la forêt.

Les principales règles à observer à ce sujet sont les suivantes :

1° L'on coupe tout d'abord là où le bois le plus vieux se trouve ;

2° Les bois irrégulièrement peuplés, qui sont en mauvais état de croissance, doivent arriver les premiers à la coupe, afin de provoquer le plus tôt possible un aspect et un repeuplement plus réguliers ;

3° Les bois déjà ensemencés, ou qui sont sur le point de l'être, viennent naturellement avant ceux où l'ensemencement se fait encore attendre ;

4° Dans les endroits exposés à des vents violents, les coupes doivent se faire de manière à ce que les arbres à semences ne puissent être renversés et déracinés ;

5° La direction des coupes vers tel ou tel des points cardinaux doit se faire de manière à ce que l'ensemencement naturel puisse être complet sur toute la surface de la coupe ;

6° Les coupes doivent être conduites de telle façon, que le transport des bois se fasse plutôt à travers des bois déjà vieux qu'à travers de jeunes recrus ;

7° Les coupes doivent, autant que possible, avoir lieu sur la même file ;

8° Dans de grandes possessions ou étendues de bois, les coupes doivent se faire de manière à ce que le transport soit le moins possible onéreux pour les acquéreurs ;

9° Les coupes ne doivent pas être trop grandes, afin d'éviter la surabondance des marchandises, et afin de ne pas exposer celles-ci à des dégâts.

Il peut arriver souvent que, suivant les circonstances locales, l'observance de toutes ces règles, devenue impossible, devra subir telle ou telle modification, ou n'aura qu'une valeur plus ou moins relative.

Cette dernière méthode de traiter les futaies est certes préférable aux deux premières, qui ne devraient être appliquées que dans des circonstances exceptionnelles, et tout cela pour des raisons qui seront données dans la deuxième partie traitant de l'économie forestière.

Le mode d'opérer, de pratiquer les diverses coupes, préparatoire, secondaire et définitive, n'a pu être indiqué jusqu'ici que d'une manière très-générale ; mais il doit naturellement se modifier non-seulement suivant la nature du climat, du sol et des essences, mais encore suivant les divers besoins du jeune recru, et suivant aussi les travaux d'exploitation, de manière que la coupe préparatoire, comme la coupe secondaire, se fait tantôt plus sombre, tantôt plus claire, et que la coupe définitive a lieu tantôt un peu plus tôt, tantôt un peu plus tard.

Les détails qui vont suivre renferment ce qu'il y y a de plus essentiel à savoir à ce sujet, abstraction faite toutefois des influences du climat et du sol, qui peuvent exiger certaines déviations de la règle générale.

Les essences qui conviennent le mieux à la culture des futaies sont :

a) Le hêtre;

b) Tous les résineux et surtout le sapin, le sapin blanc, le sapin rouge, le pin sylvestre et le mélèze, individuellement sans mélange avec d'autres essences;

c) Le chêne,

d) Le charme,

e) Le bouleau,

f) Et l'aune,

sont le plus souvent mélangés avec d'autres essences.

Les mélanges les plus fréquents et les plus avantageux, sont :

a) Le hêtre avec le chêne;

b) Le hêtre avec les autres bois durs, comme l'orme, le frêne, le charme et l'érable;

c) Le hêtre avec le sapin blanc et le sapin rouge;

d) Le sapin blanc avec le sapin rouge;

e) Le pin sylvestre avec le mélèze;

f) Le sapin rouge avec le pin sylvestre et le mélèze;

Rarement on trouve :

g) Le bouleau avec les autres bois blancs;

h) Le chêne avec le sapin rouge, le pin sylvestre, le sapin blanc et le bouleau.

Pour le chêne. — La coupe d'ensemencement doit se faire de manière que les couronnes des arbres restent distancées de 1 mètre à 1 mètre et demi.

La coupe secondaire a lieu souvent l'année suivante ou au plus tard deux ans après la coupe d'ensemencement.

La coupe définitive se fait quand les jeunes plants ont atteint leur troisième ou quatrième année.

Pour le hêtre. — Après la coupe d'ensemencement, les couronnes doivent continuer à se toucher. La coupe secondaire a lieu dès que les brins ont 20 à 30 centimètres de hauteur si le sol est bon, et un peu plus tôt si le sol est maigre, mauvais; la coupe définitive quand les plants ont 50 à 125 centimètres de hauteur.

Pour les sapins blanc et rouge. — La coupe d'ensemencement se fait comme pour le hêtre; la coupe secondaire, deux ou trois ans après; et enfin la coupe définitive comme pour le hêtre chez le sapin blanc, et quand les plants ont 30 à 40 centimètres de hauteur chez le sapin rouge.

Pour le pin sylvestre. — La coupe d'ensemencement se fait de façon que les extrémités des branches de la couronne restent à 3 ou 4 mètres de distance, et un peu plus rapprochées, si un envahissement d'herbages est à craindre.

La coupe secondaire peut se faire deux ans plus tard, et la coupe définitive quand les plants de repeuplement ont 25 à 30 centimètres de hauteur.

DES NETTOIEMENTS ET DES ÉCLAIRCIES PÉRIODIQUES.

L'opération des nettoiements et des éclaircies périodiques consiste à couper de temps en temps les bois trop serrés et étouffés, ainsi que les bois blancs, qui par leur trop rapide croissance portent dommage aux essences meilleures.

Cette opération a une double utilité, d'abord en ce qu'elle favorise singulièrement la croissance et la bonne venue des arbres, et ensuite en ce qu'elle donne des produits qui ne sont pas à dédaigner.

Quant à l'âge auquel on peut commencer avec cette opération, il est vrai de dire que la croissance du bois est d'autant plus favorisée que les nettoiements et les éclaircies ont lieu plus tôt; mais en général on n'y a recours que quand les frais peuvent être couverts par les produits; seulement, quand il s'agit d'écarter avant tout les mauvaises essences, alors les frais restent hors de compte et doivent être considérés comme frais d'amélioration et de culture forestières.

La mesure dans laquelle les nettoiements et les éclaircies peuvent ou doivent avoir lieu est encore un objet de discussion entre les forestiers.

Beaucoup d'entre eux disent que cette opération ne peut s'étendre que sur le bois complétement étouffé, et que, dans aucun cas, il n'est permis de distancer les couronnes des arbres.

D'autres au contraire disent avec beaucoup de raison qu'il ne faut laisser autant d'arbres ensemble que pour permettre que les extrémités de leurs branches se touchent encore, mais que nulle part elles ne s'entrelacent les unes dans les autres.

Pour les bois qui n'ont pas été soumis dès leur tendre âge aux nettoiements et aux éclaircies périodiques, il faut agir avec beaucoup de précaution, ne jamais détruire brusquement l'état serré, auquel ils sont habitués, et n'arriver à un état normal que graduellement, si l'on ne veut voir les arbres trop éclaircis devenir malades et même périr.

Les premières coupes de nettoiements et d'éclaircies doivent donc être fortement ménagées, mais on peut les réitérer d'autant plus souvent, c'est-à-dire, chaque fois qu'un nouvel état trop serré se fait remarquer : ainsi, par exemple, pour de jeunes bois, les éclaircies reviennent périodiquement tous les 5 à 10 ans, et tous les 10 à 15 ans pour les vieux bois.

Toutes ces règles pour les nettoiements et les éclaircies périodiques n'ont trait qu'aux bois de futaie, toutefois elles pourraient aussi s'appliquer aux taillis et aux futaies sur taillis dans les localités où le bois mince a une haute valeur, quand les souches sont trop serrées et quand des blancs bois doivent être extirpés.

DES TAILLIS.

La culture des bois taillis se recommande particulièrement pour les terrains peu profonds, mais productifs pourtant, et pour un climat froid, deux circonstances peu favorables à l'accroissement des arbres en longueur, et sous lesquelles les futaies ne seraient guère à leur place.

Nos grandes essences feuillues, qui conviennent le mieux pour taillis, sont le chêne, le charme, l'érable, le frêne, l'orme, le tilleul, l'aune, le bouleau et le peuplier. Quant à l'âge d'exploitabilité des taillis, le plus favorable pour la bonne reproduction et pour la masse des produits, il varie naturellement suivant les conditions géologiques et climatériques et suivant aussi la nature des essences. En général, la période n'est jamais en dessous de 10 et jamais au delà de 40 ans.

Pour la période la plus élevée conviennent sur un bon sol les essences dures, le chêne, le frêne, le hêtre, le charme, l'érable et l'aune; pour une période moyenne, les essences tendres, l'aune, le bouleau, le peuplier, etc., pour le bon sol, et les essences dures pour le mauvais.

Pour la période la plus courte, ce ne sont que les petits arbres et les arbustes.

Le temps ou la saison de la coupe est de la plus haute importance pour la bonne reproduction des souches par rejets et drageons.

L'époque de février jusqu'à l'apparition des feuilles paraît être la plus favorable.

La coupe ou la taille doit se pratiquer avec le plus grand ménagement pour les souches. Il faut surtout éviter de fendiller la souche. La taille doit se faire le plus près de terre possible, elle doit être nette et oblique. Lorsque, par les coupes antérieures, il y a de vieilles souches, il faut avoir soin de tailler dans le bois du dernier âge, car les rejets ne pourraient plus pénétrer à travers la vieille écorce.

Très-souvent l'on ne déshabille pas complétement toutes les souches, et on laisse jusqu'à la coupe prochaine une ou plusieurs perches ou baliveaux, afin de ne pas priver le sol de l'ombre, et afin aussi de se procurer ainsi une certaine quantité de bois d'œuvre.

Les règles données pour l'assiette et la direction des coupes des futaies de la 1re à la 2e, et de la 6e à la 9e, peuvent trouver aussi leur application pour les taillis. Outre ces dernières règles, il faut en observer encore une autre, c'est de diriger autant que possible les coupes de l'ouest à l'est et de protéger par tous les moyens le sol contre les vents desséchants de l'est.

Les bois taillis supportent un grand nombre de coupes ou d'exploitations, et se reproduisent toujours de nouveau par rejets et drageons ; toutefois arrive enfin un temps où cette force reproductive a aussi ses limites et sa fin. Sur un bon sol et avec une bonne défense contre l'enlèvement des feuilles et contre le pâturage, les taillis peuvent se conserver fort bons pendant des siècles, sans réclamer les moindres réparations ; c'est ce qui est surtout vrai pour les essences qui donnent facilement et abondamment des drageons et paraissent ainsi renaître à une vie nouvelle.

Lorsque le sol est mauvais, que les soins de conservation manquent, que la nature des essences est peu propre à la production de drageons, il se montre bientôt des vides et clairières, et des essences de moindre valeur viennent remplacer les autres.

Dans ces cas, il faut chercher à favoriser la production des drageons en découvrant sur quelques endroits les racines et y faisant de légères entailles ou écorchures ; il faut butter les souches, à la manière des plantes sarclées, et leur donner plus de terre ; il faut encore avoir recours au marcottage, et enfin, en dernière analyse, aux semis et aux plantations.

DES FUTAIES SUR TAILLIS.

Lorsque la culture des futaies s'allie à la culture des taillis, lorsque ainsi la reproduction naturelle des bois a lieu partie par semences, partie par rejets et drageons, ce mode de culture mixte produit les futaies sur taillis.

Ici on ne laisse pas seulement, comme il arrive quelquefois pour les taillis, de simples perches ou baliveaux, qui ne survivent que d'une coupe ou exploitation à l'autre, mais on les réserve pendant plusieurs périodes de manière à en avoir plusieurs classes d'âge différent. Pour la classification de ces réserves, il importe d'indiquer l'âge des bois, et pour cela on se sert des dénominations suivantes :

Baliveaux, ayant 1 révolution ;
Modernes, ayant 2 révolutions;
Anciens de 2e classe, ayant 3 révolutions;
Anciens de 1re classe, ayant 4 révolutions ;
Vieilles écorces, ayant 5 révolutions.

Le traitement du bois taillis ou sous-bois est ici absolument le même que dans le mode précédent.

Mais pour le traitement des réserves il faut prendre en considération le nombre, la distribution et le choix des baliveaux.

Le nombre des baliveaux à réserver doit être réglé en général de manière que le couvert qui en résulte ne puisse compromettre la croissance et la reproduction du taillis. C'est dire qu'il doit varier selon les *essences,* les *sols* et les *expositions,* quelquefois aussi selon les besoins du commerce, et qu'il n'est pas possible de prescrire, à cet égard, des règles générales et absolues.

Ainsi, il est des essences, telles que le bouleau, le frêne, etc., qui ne donnent qu'un couvert léger, et n'empêchent pas entièrement la croissance du taillis, tandis que les hêtres, les charmes, les châtaigniers, etc., étouffent tout ce qui végète sous leur épais feuillage.

Certaines essences aussi supportent mieux que d'autres d'être dominées. Ainsi les taillis de chêne, quels que soient le sol et l'exposition, souffrent beaucoup de la présence des arbres, tandis que l'on voit souvent les rejets des charmes croître assez bien sous le couvert et même tout près du tronc d'anciens chênes.

Quand le sol sera fertile, il y aura moins d'inconvénients pour le taillis que les réserves soient multipliées et qu'elles acquièrent un âge avancé, parce que la végétation du taillis est d'autant plus assurée que le terrain présente plus de ressources; de l'autre, parce que dans un bon sol les arbres prennent plus de hauteur de tige, et que, plus cette tige est élevée, moins le couvert de sa couronne nuit au taillis.

Mais dans les terrains médiocres, peu profonds et placés à une exposition chaude, il faut éviter de conserver de vieux arbres et chercher seulement à ombrager le taillis par des réserves moins âgées, qui pourront être en assez grand nombre, mais dont il importe que les têtes soient peu volumineuses. Il ne peut y avoir d'ailleurs que perte à réserver des arbres jusqu'à un âge avancé dans des sols impropres à leur fournir une nourriture suffisante et où, par conséquent, on ne peut espérer d'obtenir des bois de fortes dimensions.

En créant dans de pareilles localités un *ombrage* abondant, tout en ne donnant qu'un léger couvert, c'est-à-dire en se rapprochant davantage du système de culture des taillis simples, on mettra obstacle à l'évaporation trop considérable du sol et des bois eux-mêmes, et l'on écartera cependant ce qui pourrait entraver la croissance du taillis, déjà trop peu favorisée par la nature du sol et du climat.

Les besoins du commerce, la haute valeur des bois de service de certaines dimensions, la moindre valeur du bois de chauffage, etc., etc., exigent que le balivage se modifie selon les localités.

Abstraction faite des circonstances physiques et économiques qui doivent faire varier le nombre des baliveaux, l'on a pourtant cherché à déterminer, par *maximum* et par *minimum*, l'étendue que peuvent ombrager les arbres de réserve, sans compromettre le taillis; ensuite on a essayé de trouver l'espace moyen que recouvre un baliveau de chaque classe, et l'on est ainsi arrivé à fixer le nombre d'arbres de différents âges qu'il convient de réserver à chaque révolution ou exploitation.

En général, on peut poser en principe que les arbres ne doivent couvrir que du *tiers* au *sixième* du terrain immédiatement avant l'exploitation, et du *cinquième* au *dixième* immédiatement après l'exploitation, selon que les circonstances locales prémentionnées semblent commander une réserve plus moins abondante.

Il est à remarquer toutefois que, si une nombreuse réserve cause quelque perte à la croissance du taillis, il y a d'un autre côté large compensation par la masse de bois plus considérable que fournit la croissance des arbres.

A-t-on ainsi déterminé la quantité des arbres de réserve en général ou la surface du terrain qui pourra rester ombragée, a-t-on encore déterminé l'âge que la réserve pourra atteindre, et combien par conséquent il y aura d'âges ou de classes, on peut alors fixer le nombre d'arbres de chaque classe à réserver pour une surface donnée.

Ce nombre est différent pour chacune de ces classes; ordinairement les classes les plus jeunes ont un nombre d'arbres plus considérable que les classes les plus vieilles, et cela non-seulement parce que les arbres depuis leur naissance jusqu'à l'âge d'exploitabilité sont exposés à beaucoup de dangers, mais aussi parce que ce plus grand nombre de jeunes arbres facilite beaucoup une distribution régulière des baliveaux.

Suivant la plus ou moins grande quantité de bois de service de fortes dimensions que l'on veut obtenir, on établit pour chaque classe les nombres proportionnels suivants :

1° Vieilles écorces. . . .	1 —	2 —	3
2° Anciens de 1re classe. .	2 —	3 —	4
3° Anciens de 2e classe. .	3 —	4 —	6
4° Modernes.	4 —	6 —	7
5° Baliveaux.	5 —	» —	»

Pour savoir maintenant combien d'arbres de chaque classe on laissera sur une surface donnée, un hectare par exemple, il faut avant tout rechercher l'*ombrage* que donne un arbre de chacune des classes individuellement ; ensuite, d'après les nombres proportionnels établis pour l'ordonnancement des classes, on trouve facilement l'ombrage proportionnel de chaque classe, et enfin l'ombrage collectif de ces classes. Il ne reste donc plus qu'à savoir combien de fois cet ombrage collectif doit être pris pour une surface donnée.

Ainsi, par exemple, soient 1, 2, 3, 4, 5 les nombres proportionnels pour l'ordonnancement des classes, soit une révolution de 30 ans, soit encore l'âge d'exploitabilité pour la plus ancienne réserve 180 ans. L'ombrage de chaque arbre individuellement est connu et comporte :

Vieille écorce de	150	ans	60	mètres carrés.
Ancien de 1re cl.	120	»	42	»
Ancien de 2e cl.	90	»	32	»
Moderne. . .	60	»	15	»
Baliveaux. . .	30	»	5	»

Ombrage collectif par classe d'arbres :

Pour	1	vieille écorce de	150	ans	60	mètres carrés.
»	2	anciens de 1re cl.	120	»	84	»
»	3	anciens de 2e cl.	90	»	96	»
»	4	modernes. . .	60	»	60	»
»	5	baliveaux. . .	30	»	25	»
					325	mètres carrés.

L'ombrage collectif pour cet ordonnancement des classes est donc 325 mètres carrés.

Supposé maintenant qu'immédiatement après la coupe le couvert soit d'un cinquième de sa surface, d'un hectare par exemple, ayant 10,000 mètres carrés, le cinquième d'un hectare c'est 2,000 mètres carrés ; cet ombrage collectif pourra donc être pris six fois environ, puisque le nombre 325 est contenu environ 6 fois dans 2000.

Il pourra ainsi y avoir sur un hectare :

6 vieilles écorces à	60	m² d'ombre	= 360	m²
12 anciens de 1re cl.	42	id.	= 504	»
18 anciens de 2e cl.	32	id.	= 576	»
24 modernes . .	15	id.	= 360	»
30 baliveaux. . .	5	id.	= 150	»
		Total. . .	1950	»

ou environ le cinquième d'un hectare ; mais comme on laisse régulièrement quelques baliveaux de plus, le cinquième se laisse facilement atteindre, s'il y a lieu de le faire, mais pour le plus grand nombre des cas ce balivage sera déjà trop nombreux, et souvent on devra le réduire du quart, du tiers ou de la moitié, suivant les conditions physiques et économiques sous lesquelles la forêt se trouve placée.

Lors de la coupe prochaine, on abattrait par hectare :

1° Vieilles écorces. . . .	6
2° Anciens de 1re cl. . . .	6
3° Anciens de 2e cl. . . .	6
4° Modernes.	6
	24

et l'on réserverait 30 à 40 baliveaux de l'âge.

La distribution des baliveanx présente souvent de grandes difficultés et demande toujours la plus scrupuleuse attention.

Si la coupe est située dans un même plan, il faut chercher à répartir l'ombrage le plus également possible sur l'ensemble du terrain ; si, au contraire, elle offre des accidents variés dans sa configuration, le balivage doit changer suivant la nature du sol et l'exposition de chaque partie.

Ce qu'il faut surtout éviter, c'est de conserver sur un même point plusieurs arbres anciens. Non-seulement ils causent, ainsi réunis, un dommage bien plus considérable que lorsqu'ils sont isolés ; mais s'ils sont destinés à disparaître ensemble à la prochaine exploitation, il en résultera le plus souvent dans le taillis un vide sur lequel les bois blancs et les morts-bois trouveront accès, ou qu'il faudra compléter par des repeuplements artificiels. Toutes les fois que cela se pourra, on fera bien de réserver les arbres anciens sur les lisières des bois et sur les bords des routes et des chemins. Dans cette position, ils nuiront moins au taillis et leur propre végétation y gagnera.

Les baliveaux doivent être choisis parmi les pieds les plus vifs et de la plus belle venue.

En donnant la préférence aux brins de semence ou sujets venus sur graine qui sont généralement mieux venants et plus durables que les rejets ou baliveaux sur souche, il faut éviter de réserver des baliveaux de l'âge trop grêles, eu égard à leur élévation, parce qu'ils sont facilement ployés et rompus par les vents, la neige et le givre.

La réserve doit se composer en majeure partie de chênes. Après le chêne, on doit préférer le châtaignier, l'orme, le frêne, les grands érables, puis le hêtre et le charme. Il est avantageux aussi de réserver quelques aliziers, quelques sorbiers et quelques bouleaux.

On a l'habitude de ne marquer que des tiges très-droites, et l'on néglige celles qui ont quelque courbure ou qui forment la fourche à la naissance des branches.

Les tiges droites doivent sans doute être l'objet principal du balivage; mais il ne faut pas perdre de vue les besoins du commerce, qui réclament souvent des bois courbes.

Les futaies sur taillis, convenablement traitées et

sises sur un bon sol, peuvent se conserver en bon état pendant des siècles sans réclamer des soins de culture extraordinaires, parce que les souches qui viennent à périr sont immédiatement remplacées par les sujets venus sur graine.

Lorsque enfin, par suite de négligence ou de mauvais traitements, les futaies sur taillis ont subi des dégradations, soit parce que les bonnes essences ont disparu et ont été remplacées par des bois blancs, etc., soit parce qu'il s'y est formé des vides, il faut autant que possible provoquer un ensemencement naturel, soit avec les arbres de réserve qui existent déjà, soit même en laissant des baliveaux sur souche et capables de donner des semences.

Si ce moyen ne suffit pas, il faut avoir recours aux moyens que nous apprendra la culture forestière artificielle, c'est-à-dire aux semis et aux plantations.

DE L'ÉLAGAGE DES BALIVEAUX ET DES ARBRES DE RÉSERVE.

L'élagage est un art qui a ses règles théoriques et pratiques et qui, transporté en partie dans la culture des bois, amènera des effets heureux.

Aussitôt qu'on les isole, la plupart des arbres, et principalement le chêne, se garnissent abondamment, le long du tronc, de branches gourmandes, qui détournent à leur profit une grande partie de la séve destinée précédemment à la cime. Ces branches prenant un prompt accroissement, il arrive, au bout de plusieurs années, que la cime n'est plus assez nourrie; elle sèche et amène ainsi le dépérissement prématuré de l'arbre. De plus, la tige devient très-noueuse et moins propre par conséquent au service et au travail. Il est donc évident que l'élagage de ces branches est de la plus grande utilité et permet seul aux futaies sur taillis d'atteindre leur but.

Les époques auxquelles l'élagage doit se faire ne peuvent être déterminées avec précision. Le plus ordinairement, il y a lieu de le commencer deux ou trois ans après l'exploitation de la coupe et de le répéter de trois ans en trois ans, jusque vers la moitié ou les deux tiers de la révolution. Les taillis alors deviennent assez élevés pour empêcher de nouvelles productions du tronc.

La coupe des branches se fera rez tronc avec une serpe bien tranchante et en menant le trait de l'instrument du bas en haut, afin de ne point arracher l'écorce.

Quant aux moyens d'exécuter cette opération avec facilité, surtout sur de gros arbres, le meilleur paraît être de se servir d'échelles ; l'ouvrier conserve ainsi les deux bras libres et se meut plus aisément en tout sens que lorsqu'il est réduit à grimper, fût-il même muni de crampons. La saison à choisir pour ces travaux est le commencement de l'automne, comme étant le moins favorable à la reproduction.

Dans les pays où le bois a de la valeur, cet élagage n'est point onéreux; les bourrées qui en résultent couvrent presque toujours les frais d'exploitation et donnent souvent même du bénéfice. Mais n'en fût-il pas ainsi, il conviendrait pourtant de tenir à son exécution; l'avantage marqué qu'on en obtiendra pour les arbres compensera amplement tous les frais.

Outre les branches gourmandes, l'élagage doit encore supprimer, dans les baliveaux anciens et modernes, les branches sèches qui pourraient se présenter, et celles des branches latérales qui, s'étalant trop, empêchent l'arbre de gagner en hauteur, et écrasent le taillis en pure perte. Cette dernière opération demande du discernement de la part de celui qui la dirige et de l'adresse dans l'exécution.

Il ne faut pas perdre de vue que si la végétation de la jeune tige est facile à diriger par la taille, l'arbre déjà âgé peut éprouver un grave dommage par l'enlèvement total de branches très-fortes, tant parce que cet enlèvement interrompt l'équilibre entre la tête et les racines, que parce que les plaies occasionnées au tronc par l'opération ne se cicatrisent souvent qu'incomplétement et deviennent ainsi une cause de pourriture.

Il ne faut pas oublier non plus que l'arbre isolé a besoin, pour prospérer et pour résister aux intempéries, d'une tête plus développée que celui qui croît en massif, et qu'il ne peut d'ailleurs jamais atteindre la hauteur de ce dernier, par cela même qu'il a un plus grand nombre de branches à nourrir.

CULTURE FORESTIÈRE ARTIFICIELLE.

Les moyens dont la science et l'art disposent pour créer des forêts, pour repeupler les clairières et les vides, pour modifier les essences, sont :

1° *Les semis ;*

2° *Les plantations.*

DES SEMIS.

Lorsqu'il s'agit de semis, il faut principalement avoir égard :

1° A la préparation du sol ;

2° A la récolte et à la conservation des graines ;

3° A la quantité de semences à employer ;

4° Et au mode d'opérer le semis.

La préparation du sol a lieu dans le double but de

3

mettre les semences dans des conditions favorables à une bonne et rapide germination, d'abord, et lorsque le semis aura levé, de le protéger contre l'envahissement des mauvaises herbes qui pourraient l'étouffer, et contre le desséchement qui surviendrait inévitablement si les racines ne pouvaient pénétrer facilement dans la terre.

La préparation du sol doit naturellement et nécessairement varier suivant la manière d'être de celui-ci. Ainsi :

1° Le sol peut avoir été jusqu'ici utilisé comme terre labourable, ou, par le dérodage d'étocs et de souches, être ainsi complétement nu et privé de mauvaises herbes;

2° Le sol peut être couvert de mousses et de feuilles;

3° Le sol peut être occupé par des bruyères, par des myrtilles ou par des graminées et autres herbes;

4° Le sol peut être pourvu d'un épais et fort gazon;

5° Enfin le sol peut être envahi par de hautes bruyères et des genêts ou d'épaisses couches de mousses marécageuses.

Pour les cas sub 1 à 3, le sol ne demande d'autres préparations que de vigoureux hersages au moyen d'une herse en fer.

Pour le cas sub 4, il est souvent le plus rationnel de cultiver le sol pendant deux à trois ans avec des plantes sarclées si la chose est possible; sinon on peut au moyen d'une charrue ou d'une houe *ad hoc* peler le sol simplement ou même avoir recours à l'écobuage. Ce dernier moyen se recommande aussi pour le cas sub 5; toutefois, si le sol est sec et peu profond ou très-sujet à se couvrir de mauvaises herbes, il sera souvent bon de préférer la plantation au semis.

Quand une utilisation agricole momentanée du sol

n'est pas possible, il est plus rationnel de ne le préparer que par bandes alternées ou même par places dites trous ou pots.

La largeur des bandes et des places varie suivant que le levé du semis et la croissance des essences est plus ou moins rapide, et l'envahissement par des plantes parasites plus ou moins à craindre. C'est ainsi que la largeur des bandes est de 10 à 50 centimètres, et la distance entre les bandes et les trous de 1 à 2 mètres.

La profondeur des labours ou de l'ameublissement du sol doit varier suivant la nature de celui-ci et la nature des essences; une bonne profondeur d'au moins 30 à 50 centimètres est très à désirer pour un sol fort glaiseux aussi bien que pour un sol sec; mais pour un sol d'une bonté moyenne un vigoureux hersage, ou un simple labour à la charrue ou à la houe peut suffire.

Les essences qui dès leur tendre jeunesse ont une racine pivotante exigent le sol le plus profond.

Si le sol est humide, marécageux, il faut avant tout opérer un bon assainissement en pratiquant des sillons ou des fossés d'écoulement.

La récolte des graines ne peut se faire qu'après parfaite maturité. Suivant la nature des semences, on ramasse sur le sol, on balaye en tas, on reçoit sur des toiles tendues au pied des arbres celles qui tombent naturellement, parfois on les fait tomber en secouant les arbres et les branches, parfois aussi on les cueille à la main sur l'arbre encore debout ou sur l'arbre abattu.

Si les graines ne sont pas destinées à être semées immédiatement après la récolte et qu'elles doivent se conserver jusqu'au printemps suivant, il faut les étendre en couches minces soit dans un grenier, soit dans toute autre place bien sèche, les remuer souvent afin de les priver de toute humidité, prévenir qu'elles ne s'échauffent et perdent leurs bonnes qualités germinatives. On appelle cette opération donner *l'arrière-maturation.*

Des graines de certaines essences résineuses réclament encore d'autres soins pour les faire sortir des cônes; ces soins consistent à placer les cônes sur des claies et à les exposer dans une chambre ou au soleil à une température constante et uniforme de 25° à 35°, à laquelle les cônes s'ouvrent et livrent passage à leurs graines.

Il n'est pas toujours possible, il n'est pas même toujours bon de confier à la terre les semences immédiatement après leur récolte, et très-souvent il faut les conserver jusqu'au printemps suivant. Pour la bonne conservation des graines de la plupart des essences il faut, après une bonne arrière-maturation, les déposer dans des endroits frais, secs et bien aérés.

Quelques graines, pour lesquelles une trop forte dessiccation n'est pas désirable, doivent être mélangées avec du sable et des feuilles, ou enfermées dans des vases bien clos déposés sous l'eau, ou mieux encore conservées dans des caves ou des silos, à la manière des pommes de terre.

La faculté germinative de la plupart des graines ne se maintient que jusqu'au printemps suivant; chez d'autres, comme les graines des essences résineuses, elle se conserve pendant deux et trois ans.

Lorsque le cultivateur forestier n'a pas pu récolter lui-même ses semences et qu'il doit les acheter, il est important, avant de les employer, de s'assurer si elles sont bonnes.

Pour cela il peut en semer un certain nombre dans un baquet ou dans un pot à fleurs, contenant de la bonne terre, les arroser de temps en temps et avoir soin de les placer dans des conditions de température favorables à la germination.

On peut aussi placer les semences dans une étoffe de laine que l'on tient chaude et humide. Bientôt la germination a lieu, et, d'après le nombre des graines qui germent, on peut déterminer la bonté de la semence; pour une bonne semence il faut que 60 à 75 °/₀ possèdent la propriété de germer. On peut aussi déterminer approximativement la bonté d'une semence en la plaçant sur une plaque métallique chaude si la semence saute avec éclat elle est bonne.

La quantité de semences dépend beaucoup de leurs bonnes qualités, de la nature et de la manière d'être du sol et du mode de semer, du temps que les graines mettent à lever et les jeunes plantes à atteindre plus ou moins vite une certaine élévation, de la forme des racines, car les plantes à racines pivotantes souffrent moins de la gelée et des chaleurs que celles à racines traçantes.

Dans des circonstances ordinaires on peut employer par hectare les quantités suivantes :

Voir le tableau à la page suivante.

QUANTITÉS DE SEMENCES NÉCESSAIRES PAR HECTARE.

1°	Semences	de chêne (glands) . . .	750	kil.	
2°	»	de hêtre (faînes) . . .	220	»	
3°	»	d'érable	60	»	
4°	»	d'orme	30	»	
5°	»	de frêne	60	»	
6°	»	de charme.	65	»	
7°	»	d'aune	15	»	
8°	»	de bouleau.	40	»	
9°	»	de pin sylvestre . . .	15	»	(sem. non ailées.)
10°	»	d'épicéa (sapin rouge) .	17	»	»
11°	»	d'abies (sapin blanc) .	70	»	»
12°	»	de mélèze (P. larix). .	25	»	»
13°	»	de pin sylvestre . . .	22	»	(ailées.)
14°	»	d'épicéa.	30	»	»
15°	»	d'abies.	80	»	»
16°	»	de mélèze	30	»	»

Suivant la préparation du sol on fait :

1° Des semis pleins ;
2° Des semis par bandes ;
3° Id. places ;
4° Id. trous ou pots.

Ces trois derniers modes de semer sont aujourd'hui les plus usités, surtout parce qu'ils exigent des quantités de semences beaucoup moindres.

Quel que soit, du reste, le mode que l'on adopte, il faut avant tout avoir soin que la distribution des graines soit partout uniforme, que les graines soient bien enterrées ; enfin il faut que les graines puissent bien et promptement germer, et les jeunes plantes croître avec vigueur dès leur plus tendre jeunesse.

Pour enterrer les semences, on se sert, suivant la grosseur des semences et suivant la profondeur à laquelle elles doivent se trouver en terre, de la charrue, de la herse et du rouleau, de la houe, du râteau et quelquefois de la main, comme quand on repique des glands, par exemple.

RECOUVREMENT DES SEMENCES.

1° Semences de chêne (glands)	. . .	6 — 8	centimètres.
2° » de hêtre (faînes)	. . . .	4 — 6	»
3° » d'érable	. . . .	5 — 10	millimètres.
4° » d'orme	. . . .	3 — 5	»
5° » de frêne	. . . .	6 — 10	»
6° » de charme	. . . . . .	6 — 10	»
7° » d'aune	. . . .	3 — 5	»
8° » de bouleau	. . . . .	2 — 3	»
9° » de pin sylvestre	. . .	3 — 5	»
10° » d'épicéa	. . . . . .	3 — 5	»
11° » d'abies	. . . . . .	0 — 5	»
12° » de mélèze	. . . . .	0 — 5	»

GERMINATION DES GRAINES ET LEVÉE DE SEMIS.

1° Les glands de chêne lèvent à la fin d'avril ou au commencement de mai.

2° Les faînes de hêtre	. .	lèvent	à la fin d'avril ou en mai.
3° Les semences d'érable.	.	»	6 à 8 semaines après semailles.
4° » d'orme.	. . .	»	3 à 4 »
5° » de frêne.	. . .	»	1 à 2 ans.
6° » de charme.	. .	»	1 à 1 1/2 an.
7° » d'aune.	. . .	»	3 à 4 semaines.
8° » de bouleau	. .	»	3 à 4 »
9° » de pin sylvestre.		»	2 à 4 »
10° » d'épicéa.	. . .	»	3 à 4 »
11° » d'abies.	. . .	»	3 à 4 »
12° » de mélèze.	. .	»	3 à 4 »

DES PLANTATIONS.

Lorsqu'on se propose de faire des plantations, il

faut, avant tout, avoir soin de se procurer du plant de bonne qualité.

Tout plant, quel que soit son âge, doit, pour présenter des chances de reprise, avoir des racines nombreuses, fraîches, unies, qui ne soient ni rompues, ni écorchées, ni endommagées en aucune manière, une tige droite, sans aucune blessure, assez grosse pour pouvoir se soutenir seule et résister aux vents et aux intempéries ; il faut en outre que sa tête soit suffisamment développée et qu'il ait d'ailleurs tous les signes d'une végétation vigoureuse.

On peut quelquefois tirer les plants des semis naturels ou artificiels, qui existent souvent soit dans la forêt même où il s'agit de planter, soit dans les forêts voisines. Dans ce cas il faut éviter de choisir des plants provenant d'endroits trop fourrés ou trop couverts ; dans les uns ils sont rabougris ou au moins très-délicats et peu propres, par conséquent, à résister lorsqu'on les met en terrain découvert ; dans les autres ils manquent de racines et de branches, ce qui compromet également leur reprise.

Quand on a des plantations considérables à exécuter, il faut avoir recours aux pépinières. La création d'une pépinière, loin d'être une dépense inutile, est, au contraire, une grande économie : c'est aussi le moyen le plus sûr d'obtenir du plant de bonne qualité.

DES PÉPINIÈRES.

Le terrain destiné à être employé en pépinières doit être garanti contre les ardeurs du soleil et contre les vents desséchants du nord et de l'est.

Le sol doit avoir au moins 60 centimètres de profondeur, il ne doit être ni trop gras ni trop maigre, et pour ses qualités physiques et chimiques se rapprocher le plus possible de la nature du sol qui devra plus tard recevoir les plants à demeure.

Une bonne clôture, soit palissade, soit haie morte ou vive, de 2 mètres de haut et d'une épaisseur suffisante, doit enclore la pépinière. Celle-ci doit être d'un abord facile pour le transport des plants.

Pour obtenir promptement du plant, surtout de sapin, de pin et de mélèze, il faut à cet effet établir des couches froides.

Les couches froides peuvent être établies dans un coin de jardin, si on ne les fait pas dans la pépinière même.

Il en faut une, deux ou plusieurs, suivant les besoins, pour chaque essence qu'on veut multiplier, car elles ne peuvent être semées en mélange.

On les place à côté les unes des autres, séparées par un sentier d'un mètre de largeur.

Sur les emplacements désignés, on ouvre, à la fin de mars ou au commencement d'avril, des tranchées de 8 à 10 mètres de long sur 1 mètre de large et 1 mètre de profondeur.

La terre retirée des tranchées est déposée par moitié des deux côtés sur leurs bords. On remplit les tranchées, jusqu'à moitié de leur profondeur, de fascines de genêts verts, de bruyères, de fougères ou de ramilles ou de feuilles, bien serrées, par-dessus lesquelles on rejette la terre par portions, en ayant soin de la piétiner de temps en temps. Malgré cette précaution, toute la terre retirée des tranchées ne saurait y rentrer à cause de la place que retiennent les fascines, etc. ; il y aura, quand tout sera replacé, un excédant en hauteur de 12 à 15 centimètres. Pour soutenir cet excédant, on plante, de distance en distance, le long des bords de chaque tranchée, des piquets auxquels on cloue des planches de 20 à 30 centimètres de largeur, posées sur champ. Quand les genêts commencent à se consommer, la terre s'affaisse, sans toutefois descendre jusqu'au niveau de la couche.

Lorsqu'on a chargé la couche d'assez de terre pour qu'elle dépasse ce niveau de 10 à 20 centimètres, on étend par-dessus un lit de bonne terre de bruyère de 3 à 4 centimètres d'épaisseur.

Les couches étant prêtes à recevoir les semis, on s'occupe de la préparation des graines. Pour cela il est nécessaire de les faire tremper dans l'eau pendant deux jours, ce qui avance leur germination au point que celles qui auraient mis 20 à 30 jours à germer lèvent au bout de 8 à 10 jours. Cette méthode offre en outre un autre avantage important : lorsqu'on plonge les graines dans un seau ou baquet rempli d'eau, les plus légères surnagent et les plus lourdes tombent au fond ; toutes celles qui surnagent peuvent être considérées comme mauvaises ; on peut donc les séparer et ne semer que les bonnes. Par ce moyen l'on ne sème que les graines qui peuvent germer, et l'on obtient une levée parfaitement égale, sans rien perdre de la surface de la couche. Quand les graines ont trempé pendant deux jours, on décante doucement l'eau, qui entraîne avec elle les graines trop légères ; puis on met les autres dans un sac de toile, pour les égoutter et les ressuyer un peu avant de les semer.

On sème très-serré, graine contre graine, sur la terre de bruyère, qui occupe le dessus de la couche ; mais sans y enfoncer les graines. Lorsqu'elles sont placées, on tamise dessus de la terre de bruyère, de manière à les couvrir d'une couche de 5 millimètres d'épaisseur. Puis, le semeur attache à ses pieds de petites planches carrées de 30 centimètres de côté, avec lesquelles il marche légèrement sur les couches pour raffermir la terre et en égaliser la surface.

Les couches ont besoin d'être protégées par des écrans garnis de grosse toile, de branches de genêts ou de paillassons. Ces écrans ne restent pas constamment sur les couches ; on les couvre seulement jusqu'à ce que le jeune plant soit levé ; plus tard, on doit toujours les avoir à sa portée pour garantir le plant de l'ardeur du soleil, quelquefois du froid, de la grêle ou des pluies violentes en cas d'orage. Si le temps se maintient chaud et sec ou froid et sec pendant plusieurs jours après que les graines sont semées, on doit arroser les couches au moins une fois par jour, souvent deux fois pour aider les graines à lever.

Le jeune plant a aussi besoin d'être arrosé ; toutefois, si le temps est froid et qu'il y ait apparence de gelée, on se gardera bien d'arroser le soir ; on donnera seulement un bassinage le matin, au soleil levant.

Il importe de tenir les couches parfaitement propres ; toutefois, quand les mauvaises herbes commencent à les envahir, il ne faudrait pas les arracher, ce qui nuirait sensiblement au jeune plant en soulevant la terre autour de ses racines délicates ; on doit se contenter de pincer les mauvaises herbes au niveau de la surface de la couche, ce qui suffit pour les détruire.

A l'arrière-saison, quand viennent les premières gelées, on étend légèrement sur le plant qui garnit les couches un lit de feuilles sèches de 8 à 10 centimètres d'épaisseur ; car il ne faut pas que la gelée puisse pénétrer jusqu'à la couche pour soulever la terre et déraciner le plant.

Lorsqu'on ne veut pas dresser de couches froides pour élever du plant, on procède de la manière suivante :

On défonce soigneusement, à 80 centimètres ou même à 1 mètre de profondeur, un des carrés de la pépinière. On coupe à travers ce carré des rigoles de 50 centimètres de largeur et d'autant de profondeur, pour le diviser en plates-bandes de 10 mètres de long sur 2 mètres de large. La terre provenant des fossés est rejetée sur ces plates-bandes. Les fossés servent à la fois de sentiers pour le service des plates-bandes et de rigoles d'égouttement pour faire écouler les eaux superflues, et empêcher les gelées de soulever la terre, ce qui n'a lieu que quand le froid la surprend saturée et surchargée d'humidité.

Les fossés étant terminés, les plates-bandes bien dressées au râteau et soigneusement débarrassées de pierres, de mauvaises herbes, et de racines de plantes sauvages, sont piétinées pour les plomber; puis, on répand à leur surface une couche de bonne terre de bruyère de 4 à 5 centimètres d'épaisseur. On sème les graines sur cette terre et on les recouvre, comme il est dit pour les couches froides.

Les semis sur les plates-bandes ainsi préparées réussissent très-bien, moyennant que l'on donne l'abri, les arrosages et les soins de culture nécessaires au jeune plant. Toutefois, comme le jeune plant ne prend jamais un accroissement aussi rapide que s'il était venu sur couche froide, on doit le laisser un an de plus en place avant de le repiquer, mais par compensation il exige moins de frais, cause moins d'embarras, et il est tout aussi bon que le plant venu sur couches froides; il peut même être regardé comme plus rustique, puisqu'il n'a pas été soumis à la culture forcée.

Après être resté sur la couche froide ou sur la plate-bande un ou deux ans, selon sa force, le plant doit être repiqué en pépinière. Le terrain sur lequel le jeune plant doit être repiqué est bêché à la profondeur de 40 à 50 centimètres et divisé en carrés de 5 à 10 mètres de long sur 2 ou 3 de large par des rigoles de 30 centimètres de largeur et de profondeur. Il doit être parfaitement meuble et soigneusement nettoyé de pierres, de racines et de mauvaises herbes. Pour obtenir une grande propreté du terrain, on peut faire précéder le repiquage d'une ou de deux récoltes de pommes de terre. Après avoir bêché, hersé ou ratissé, et roulé ou piétiné le terrain, on peut s'occuper du repiquage.

L'époque la plus favorable pour cette opération est le mois d'avril. Elle doit être faite par un beau temps ; la terre trop humide fait bientôt croûte à la surface, se durcit et se crevasse quelquefois à une profondeur telle que les racines du plant repiqué sont mises à l'air dans toute leur longueur.

Pour repiquer le plant en lignes à des distances bien égales, on trace au cordeau de jardinier, sur les plates-bandes, des lignes parallèles au bord des rigoles qui les séparent, en ouvrant, le long de la corde tendue, un petit rayon de quelques centimètres de profondeur, selon la force de dimension du plant à repiquer. Si la terre de la pépinière est trop maigre et qu'on ait à sa disposition du terreau ou de la terre de bruyère, on en répand une petite quantité dans le rayon qu'on aura eu soin, dans ce cas, de faire un peu plus profond.

Les jeunes plants sont placés le long du rayon à la distance de 10 à 12 centimètres les uns des autres, puis on rapproche avec les mains la terre contre leurs racines. Les lignes de plants doivent être espacées entre elles de 30 centimètres.

Une précaution essentielle qu'il faut prendre, c'est de ne pas enterrer le plant à une plus grande profondeur que celle où ses racines se trouvaient dans sa terre natale.

Quand la terre est bien meuble et de qualité passable, on peut y repiquer le plant au plantoir, sans plus de soin que du plant de choux dans un jardin; seulement on veillera à ce que le trou du plantoir ne reste pas vide à côté du plant.

Il est bon d'arroser le plant immédiatement après le repiquage et de renouveler les arrosages de temps en temps en cas de sécheresse.

Quelques sarclages, selon le besoin, sont utiles, indispensables même au plant repiqué; quand les mauvaises herbes envahissent la plate-bande, elles épuisent le sol et gênent la croissance des plants.

DE LA TRANSPLANTATION.

Nous rappellerons ici successivement et sommairement les règles auxquelles on doit se conformer pour les plantations.

1° Employer du plant de grandeur convenable. Il est à remarquer que sur un bon sol, dans des endroits abrités, et quand le sol n'est pas couvert d'herbes à haute tige, les jeunes plants reprennent plus facilement dans le jeune âge, viennent mieux et exigent moins de soins; dans des circonstances contraires, il faut choisir des plants plus vieux. Il est à remarquer encore que les bouleaux, les aunes, les pins sylvestres, les épicéas et les mélèzes réussissent mieux quand ils sont transplantés jeunes; que le sapin blanc (*pinus abies*) ne veut être transplanté ni trop jeune ni trop vieux; tandis que le chêne, le hêtre, le charme, l'érable, le frêne, l'orme se laissent transplanter jeunes et plus vieux, et ce d'autant plus vieux que le sol est meilleur.

Les plants doivent avoir au moins l'âge de 3 à 5 ans et 25 à 30 centimètres de hauteur. L'on ne doit pas planter des arbres qui ont plus de 5 centimètres de diamètre ni plus de 12 à 15 ans d'âge.

Entre ces deux extrêmes il y a, suivant les circonstances, des moyennes dont la plus fréquente est une hauteur de 50 à 150 centimètres.

2° Choisir, pour planter, l'époque la plus favorable. En général, on peut transplanter depuis la chute jusqu'à la réapparition des feuilles, chaque fois que le temps le permet, c'est-à-dire que la pluie, la neige, la gelée n'y mettent point obstacle. Toutefois, il paraît que pour toutes les essences qui prennent beaucoup d'humidité dans le sol et qui la laissent transpirer rapidement par les feuilles, comme le hêtre, le charme, l'érable, le frêne, l'orme, le pinus abies, le mélèze, et qui sont en même temps très-susceptibles d'être gelées, il convient mieux de transplanter au printemps. Pour les autres essences et surtout sur un sol sec, on peut planter en automne, afin de donner aux plants le temps de se raffermir pendant l'hiver. En règle générale, il faut admettre que plus les plants, par leur grandeur, par la nature des essences et du sol, sont sujets à se dessécher, plus il faut choisir l'époque qui se rapproche davantage de l'apparition des feuilles.

La propriété que possèdent certaines essences résineuses de se laisser transplanter après la Saint-Jean est à mettre à profit pour la plantation d'un sol trop humide au printemps ou en automne.

3° Lever les plants en pépinière avec toutes les précautions possibles ; il faut surtout éviter de blesser ou d'écorcher les racines et les tiges. Il ne faut lever chaque jour dans la pépinière que la quantité de plants qu'on peut mettre en place dans la même journée. Les plants levés doivent aussitôt être transportés dans un endroit ombragé pour garantir les racines contre le desséchement.

4° Transporter les plants sur le terrain à planter sans les endommager. Suivant que le transport est plus ou moins long, on transporte à la main, en panier, sur brouettes, charrettes ou chariots, en ayant soin de garnir de paille ou de mousse lorsqu'il y a des frottements à craindre, et de ne pas charger trop pour éviter des froissements ou des fractures des plants. Quand, pour la facilité du transport, on est obligé de lier les plants en bottes, il faut se servir préférablement de liens de paille.

5° Donner au plant une taille rationnelle. Pour tailler (habiller) convenablement le plant, il faut non-seulement enlever à plate taille les racines blessées, mais il faut encore par la taille mettre les branches (la couronne) en rapport avec les racines, c'est-à-dire entre les organes essentiellement d'absorption et ceux de transpiration, d'évaporation.

La mesure de la taille doit se régler sur la nature des essences et du sol et sur la grandeur des plants.

Plus le sol et le climat sont secs, plus l'essence est sujette à transpirer par les feuilles, plus le plant est grand et fort, et plus aussi faudra-t-il diminuer la couronne, au point de ne laisser que quelques bouts de branches; et même pour le chêne, le hêtre, le charme et le bouleau, on coupe toute la tige jusque près du collet, ce qui donne souvent l'avantage de pouvoir utiliser des plants non élevés en pépinière.

Les essences résineuses qui ne transpirent pas beaucoup, comme le pinus sylvestris et le pinus picca, et qui se transplantent ordinairement fort jeunes, peuvent se passer de la taille, ou du moins il n'est coupé que les branches les plus fortes et les plus inférieures, ce qui est d'autant moins dangereux que l'opération se fait hors la saison de la séve, en automne et en hiver.

Le mélèze souffre une taille déjà plus forte, et le pinus abies la réclame.

Des plantes très-petites n'exigent pas de taille du tout.

6° Espacer les plants à la distance qu'exige leur développement ultérieur.

Dans les plantations de basses tiges, l'espacement varie de 50 à 150 centimètres : 1 mètre est la distance la plus ordinaire; les hautes tiges s'espacent à 2, 3, 4, 5, 6 et même 8 mètres.

Pour régler cet objet, l'expérience a confirmé les principes suivants :

Plus les plants sont forts, plus ils doivent être espacés. Certaines essences, telles que les hêtres et les bois résineux, veulent croître très-rapprochées ; d'autres, comme le bouleau, l'orme, le robinier, exigent plus d'espace.

On doit planter plus serré dans les sols secs et arides que dans les terrains fertiles, dans les climats froids que dans les climats tempérés.

Lorsqu'on ne veut obtenir que du bois de chauffage, on peut adopter un plus grand espacement que quand il s'agit d'élever des bois de construction et de fente.

Quand on a des terrains très-considérables à reboiser et qu'on est borné dans ses ressources pécuniaires, il faut adopter le plus grand espacement possible, afin d'arriver promptement à mettre le sol en production.

On ne réussit à donner un égal espacement aux

plants qu'en les disposant dans un ordre régulier. On connaît quatre modes de tracer les plantations :

1° En allées ou files;

2° En triangles équilatéraux;

3° En carrés;

5° Et en triangles isocèles ou quinconces.

La plantation par files a, dans certaines circonstances, des avantages. D'abord, dans un terrain peu profond, comme dans le terrain rocailleux et schisteux des Ardennes, elle permet d'ouvrir des tranchées au lieu de trous, ce qui rend l'ouvrage plus facile et procure un sol plus meuble dans lequel les plants en général prospèrent mieux; ensuite, le tracé est plus facile et plus prompt, quelle que soit la configuration du terrain.

7° Conformer les trous ou fosses aux besoins des arbres que l'on veut élever. Dans un sol pierreux ou glaiseux, en un mot, dans un sol compacte et peu profond, il faut faire des trous plutôt trop grands que trop petits; il faut qu'ils aient au moins 1 mètre de diamètre sur 1 mètre de profondeur; mais mieux vaut des tranchées de 75 centimètres à 1 mètre de large sur 1 mètre de profondeur.

Il faut aussi qu'en creusant la fosse, l'ouvrier ait soin de séparer la terre de la superficie et de la couche de terre végétale de la terre du sous-sol.

8° Soigner comme il convient la mise en place des plants.

En général, on peut poser en principe qu'un arbre doit, après la transplantation, se trouver enterré à la même profondeur qu'avant cette opération. Cependant il est convenable de planter un peu plus profondément lorsqu'on peut prévoir que la terre s'affaissera ou bien lorsque le sol est très-sec et léger et les plants très-petits; d'autant plus que, dans ces cas, il faut ménager autour des tiges un petit creux où l'eau des neiges et des pluies puisse s'amasser. Dans les sols humides, au contraire, on plante plus près de la superficie, et au lieu de laisser subsister un renfoncement autour de la tige, on y fait une petite butte ou motte pour faciliter l'écoulement des eaux. Les tiges recépées doivent être plantées de manière à effleurer entièrement la superficie.

Pour mettre le plant en terre, on procède de la manière suivante :

On place le plant dans le milieu du trou sur une couche de bonne terre de 5 ou 6 centimètres d'épaisseur environ, ou bien sur les mottes de gazon provenant du trou et que l'on a eu soin de briser menu au préalable ; puis, avec la main, on étend les racines de façon à laisser à chacune sa direction naturelle; il est essentiel qu'elles posent toutes d'aplomb et que la tige se tienne bien droite. Cela fait, on répand la bonne terre végétale, qui a été mise à part en creusant le trou, de manière que les racines en soient entièrement couvertes ; en même temps on remue un peu la tige en la soulevant et la rabaissant légèrement, afin que les parcelles de terre s'insinuent partout entre les racines.

Enfin, pour ne négliger aucune précaution, on introduit la main sous les racines pour remplir toutes les cavités qui pourraient encore exister.

Après que la couche de bonne terre est employée, comme nous venons de l'expliquer, on achève de remplir le trou avec les couches de moindre qualité. Tout en répandant ainsi la terre sur les racines, on la raffermit de temps en temps avec la paume de la main ou avec le pied, légèrement d'abord, puis de plus en plus fortement.

9° Régler et distribuer rationnellement la besogne

entre les ouvriers. Pour l'extraction des plants, pour la taille et pour la plantation proprement dite, il faut choisir des hommes sur lesquels on puisse compter, des hommes exercés dans la pratique des plantations. Tous les autres travaux peuvent être exécutés par des ouvriers ordinaires, assistés de femmes ou d'enfants.

10° Garantir les arbres plantés contre les chances de dégâts et d'accidents. Il est assez rare que les plantations exigent encore d'autres soins ultérieurs; seulement, quand on a employé des plants de hautes tiges, il convient d'avoir recours à des tuteurs; parfois aussi faut-il les garnir d'épines ou de genêts pour les protéger contre les attaques du bétail ou du gibier. Quelquefois aussi faut-il dans les premières années, vers la Saint-Jean, enlever les gourmands qui se produisent au pied des plants ou sur le corps de la tige (le tronc).

DES BOUTURES.

On entend par bouture une jeune branche qui, séparée de l'arbre et mise en terre, pousse des racines et des rejets et devient ainsi un nouvel individu.

Toutes les essences feuillues ont plus ou moins la faculté de se reproduire par boutures; on a même réussi à multiplier de cette manière les bois résineux. Cependant il n'y a que les peupliers et les saules qui se montrent particulièrement faciles à cet égard et qui fournissent de beaux sujets; les boutures des autres bois exigent beaucoup de soins, et les produits qu'on en obtient sont généralement d'une faible végétation. Aussi se borne-t-on, en sylviculture, à propager de cette manière les deux genres d'arbres que nous venons de citer.

Les plantations de boutures trouvent surtout leur application dans les terrains destinés au pâturage, dans les prairies, sur les bords des chemins, etc., etc.; mais elles sont aussi d'une ressource précieuse pour fixer les sables, pour maintenir les terres dans les pentes rapides et sur les bords des eaux, ainsi que pour repeupler certains lieux humides dans les forêts.

On connaît deux espèces de boutures : le plançon et la bouture proprement dite.

Le plançon est une branche de 3 à 4 mètres de long sur 4 à 8 centimètres de diamètre, que l'on dépouille de tous ses rameaux et que l'on taille en biseau par ses deux bouts. Pour le planter, on l'enfonce à une profondeur de 50 centimètres, après avoir formé au préalable le trou avec un pieu en fer. Toutefois ce procédé n'est convenable que dans les lieux humides; quand le sol est compacte, il vaut mieux ouvrir, à la bêche, un trou de 50 centimètres environ de profondeur sur 60 à 70 centimètres de côté, dans le milieu duquel on fixe le plançon et que l'on comble ensuite de bonne terre bien émiettée.

Lorsque les plançons risquent d'être endommagés, soit par le vent, soit par le bétail, soit par le gibier, on leur donne des tuteurs et on les enveloppe de ronces ou d'épines.

C'est ordinairement avec les plançons que l'on forme des têtards. Il est à remarquer que les grands saules, tels que l'osier, le saule blanc, etc., sont les seuls bois qui reprennent bien de cette manière; les peupliers s'y refusent souvent.

Pour faire des boutures proprement dites, on choisit des rameaux bien vigoureux, présentant, outre la pousse de l'année, du bois de deux ou de trois ans au plus ; on leur enlève toutes les ramilles et on les réduit à 30 ou 40 centimètres de long. S'il s'agit de fixer des sables ou de maintenir des terres en pente, il est bon même de leur donner plus de longueur. La section inférieure se fait en biseau; celle du haut doit être droite, afin de ne pas blesser la main du planteur.

Lorsque le sol est bien meuble, on plante ces boutures en les enfonçant obliquement, de manière qu'elles ne dépassent la superficie que de 3 ou 4 centimètres au plus. Mais dans une terre plus ferme, où l'on risquerait de les casser ou de les écorcher, on prépare des trous avec un plantoir un peu plus fort que les boutures, et dans les terrains tout à fait compactes, on ouvre des tranchées de 50 à 60 centimètres de largeur et de profondeur.

Lorsqu'on a des boutures préparées d'avance et qu'on ne peut pas planter immédiatement, on les lie en bottes et on les met debout dans l'eau ou dans une terre fraîche, en attendant le moment de la plantation.

L'époque la plus convenable pour mettre les boutures en terre est le printemps, au mois d'avril; mais on doit aussi à cet égard se régler un peu sur la marche de la température. On met les boutures en place au cordeau, en lignes espacées entre elles de 50 centimètres environ et à 30 centimètres de distances dans les lignes. Il faut tenir le sol propre par des sarclages soignés, qui, en remuant légèrement la surface du terrain, favorisent la végétation des boutures.

A la fin de juin, quand les boutures ont convenablement végété, et que chaque plant offre plusieurs jets, on retranche les plus faibles pour ne conserver que le plus vigoureux. Cette taille doit être opérée avec une lame parfaitement effilée, en ayant soin de ne pas déranger les boutures par une forte secousse qui nuirait sensiblement à leurs jeunes racines.

Au printemps suivant, le bois desséché de la bouture est rabattu au niveau du nouveau jet. A la fin de juin de la seconde année, on supprime par une nouvelle taille les branches inférieures du jeune arbre jusqu'à 60 centimètres du sol, toujours avec la précaution de ne pas leur causer d'ébranlement en les taillant. Il n'y a plus, dès lors, aucun soin à leur donner. Après être restés en place quatre ou cinq ans, on peut, si l'on veut, les transplanter. On ne transplante guère que les peupliers; les boutures de saules et d'aunes sont ordinairement destinées à rester en place où on les a faites.

DES MARCOTTES.

La marcotte est une branche que l'on couche en terre, à une certaine profondeur, sans la détacher de l'arbre dont elle fait partie; de telle sorte que celui-ci la nourrit jusqu'à ce qu'elle ait pris suffisamment de racines, après quoi elle peut former un individu isolé.

On peut appliquer le procédé du marcottage à toutes les essences résineuses et feuillues; mais c'est surtout pour la propagation de ces dernières, et notamment dans les taillis, qu'il mérite l'attention du forestier.

Lorsque les brins ou les rejets qui doivent être marcottés sont faibles et, par conséquent, flexibles, on peut les coucher sans difficulté dans de petites rigoles faites à cet effet, que l'on comble ensuite de bonne terre. Mais quand ce sont des perches assez fortes déjà qu'il s'agit de faire servir de cette manière, il faut procéder avec plus de précaution.

Pour le repeuplement des bois, ces dernières sont plus avantageuses; on en obtient des sujets plus nombreux, d'une reprise plus prompte et d'une croissance plus vigoureuse.

Afin de réussir à ployer ces perches jusqu'à terre, on leur fait, à l'endroit où la plus grande flexion devient nécessaire, une entaille qui peut pénétrer jusqu'au centre du bois, et qui doit être placée sur la face convexe de la courbure. Au moyen de cette entaille, on amène la tête de la tige sur le sol, légèrement labouré au préalable, et on l'y fixe par des crochets en bois qui la saisissent immédiatement au-dessus des branches inférieures et vers l'extrémité de la tige.

De fortes mottes de gazon, placées sur les différentes branches principales, sont destinées à les maintenir contre terre.

Cette première opération faite, on recouvre tous les rameaux de 16 à 20 centimètres de bonne terre, de manière à n'en plus laisser passer que les extrémités, sur 4 ou 5 boutons au plus.

Au moyen de la terre dont on les entoure, ou bien à l'aide de mottes de gazon, on donne à ces ramilles une position verticale. L'entaille faite à la perche doit, au moins pendant les premières années, être recouverte de mottes de gazon ou de terre.

Après 3 ou 4 ans, il s'est formé, au-dessous de tous ces menus rameaux, des racines qui leur sont propres et qui sont suffisantes pour pourvoir à leur nutrition. On peut donc dès lors les sevrer, c'est-à-dire retrancher la perche courbée qui les unissait à la souche mère.

On emploie ce procédé avec beaucoup de succès

pour repeupler des clairières de taillis. A cet effet, l'on réserve, lors de l'exploitation, un certain nombre de tiges sur le bord de ces clairières, et l'année suivante on en opère le couchage.

Ces tiges ont souvent 10, 12 et 15 centimètres de diamètre à la base.

Lorsque les perches font parties d'une cépée, il faut éviter de laisser d'autres perches debout sur la même souche.

La séve, ayant plus de tendance à monter droit qu'à circuler dans les branches couchées, abandonnerait celles-ci pour se porter avec affluence dans les autres, et la perte des marcottes en serait la suite.

On doit donc supprimer tous les rejets, et, pour empêcher qu'il n'en repousse d'autres jusqu'à l'entière reprise des branches marcottées, on fera bien de couvrir la souche de 15 à 20 centimètres de terre fortement tassée en forme de petite butte. Dès qu'on opérera le sevrage des marcottes, on pourra découvrir la souche, qui ne tardera pas à fournir de nouvelles productions.

L'époque la plus favorable pour faire le marcottage est le printemps.

CHAPITRE II.

CONSERVATION ET GARDE DES BOIS.

La conservation et la garde des forêts nous apprennent à protéger les bois contre tout ce qui pourrait leur porter préjudice en dehors de leur exploitation légale et rationnelle.

Les dégâts, les dégradations peuvent avoir lieu :

1° Par les hommes ;

2° Par les animaux ;

3° Par les phénomènes de la nature.

Les hommes peuvent nuire aux forêts :

1° En exploitant et récoltant irrationnellement leurs produits ;

Des défenses et des peines sévères avec une surveillance active sont ici les meilleures mesures conservatrices.

2° En portant atteinte à la propriété territoriale ou en s'emparant illicitement des produits forestiers.

Le bornage, des cartes et des descriptions exactes de limites et des vérifications régulières, la possibilité pour le peuple de se procurer avec facilité et à des prix raisonnables des produits forestiers, rendent ici les meilleurs services.

3° En dégradant et endommageant les bois par des actes de négligence ou de méchanceté.

L'incendie, par exemple, reconnaît le plus souvent pour cause ou la négligence des personnes qui travaillent dans les bois, ou la méchanceté ; quelquefois pourtant aussi le feu du ciel. Quand l'incendie a éclaté, il faut chercher avant tout à l'isoler en pelant le sol et coupant le bois environnant.

Contre les autres délits, une bonne surveillance peut seule venir en aide.

Les animaux qui peuvent devenir nuisibles aux bois sont :

1° Des quadrupèdes ;

2° Des oiseaux ;

3° Des insectes.

Parmi les quadrupèdes, nous avons le gibier, mais

particulièrement les souris, qui en mangeant les graines et semences, en mangeant et rongeant les plantes de bois, peuvent devenir très-nuisibles.

Contre le gibier, nous avons la chasse d'abord, ensuite la conservation de prairies dans l'intérieur ou à proximité des bois pour nourrir le gibier pendant l'hiver, les clôtures, etc.

Contre les souris, nous avons les animaux qui s'en nourrissent, comme les renards, les hérissons, les oiseaux de proie, etc. Les autres moyens, tels que les empoisonnements, les asphyxies des souris, sont ou peu efficaces ou dangereux. Souvent la nature elle-même fait plus que tous les efforts de l'homme en décimant ces hôtes incommodes par des maladies épizootiques. Le pâturage dans les bois avec des chevaux, bêtes à cornes et porcs peut faire diminuer aussi les souris.

Les oiseaux qui mangent les faînes et les semences des bois résineux, comme le pinson, le chardonneret, le verdier, le bec-croisé, la tourterelle, le coq de bruyère, etc., etc., quand ils s'abattent en grand nombre sur les bois ou les semis, peuvent faire souvent de grands dommages. Les effrayer par des bruits ou par des signes est difficile et peu efficace; tout ce que l'on peut contre ces ennemis, c'est de différer les semailles jusqu'après l'époque du passage et des amours, et d'avoir soin de bien enterrer les semences.

Beaucoup d'insectes sont les ennemis les plus dangereux des bois.

Les dégâts qu'ils occasionnent sont toujours plus considérables, et leurs effets plus désastreux, surtout pour les essences résineuses, parce que ces dernières, ne possédant qu'une force reproductive individuelle très-faible, résistent difficilement à ces maux.

Les insectes qui se sont particulièrement distingués comme très-nuisibles sont :

Ceux qui détruisent le liber ou l'aubier, tels que :

1° *Bostrichus typographus,* le scarabée commun disséqueur, ou scolyte typographe ;

2° *Bostrichus pinastri,* scarabée disséqueur des pins ;

3° *Bostrichus laricis,* scarabée disséqueur des mélèzes ;

4° *Bostrichus abietiperda,* scarabée disséqueur des sapins ;

5° *Bostrichus villosus,* scarabée disséqueur velu ;

6° *Helesinus piniperda,* scolyte piniperde ;

7° *Curculio pini*, charançon de l'épicéa.

Ceux qui détruisent les racines :

1° *Melolontha vulgaris,* le hanneton ;

2° *Phalena bombyx monacha,* le bombyce moine ;

3° *Phalena bombyx pini,* la grande chenille du pin ;

4° *Phalena noctua piniperda,* le papillon-hibou des pins ;

5° *Tenthredo pini,* la tenthrède du pin.

Les moyens les plus efficaces contre les insectes, c'est la conservation des animaux insectivores.

Contre les diverses espèces de *bostrichus* et *helesinus* se recommandent particulièrement les moyens suivants :

a) Enlever tous les arbres maladifs dans lesquels les insectes se logent de préférence ; ainsi, opérer des éclaircies périodiques régulières, veiller à écarter les arbres rompus par le vent, etc. ;

b) Presser le plus possible la vidange des bois, et l'écorçage des bois abattus ;

c) Déroder promptement les étocs ou les écorces :

ce dernier remède s'emploie surtout contre le *curculio pini ;*

d) Abattre l'arbre dans lequel l'insecte s'est introduit, et l'enlever aussitôt.

Contre les hannetons et leurs larves, nous ne possédons d'autres moyens que de les faire manger dans le bois par les porcs, vu les grandes dépenses qu'occasionnerait tout autre moyen de destruction.

Il est encore bien plus difficile de se rendre maître des chenilles, et la plupart des moyens que l'on prescrit n'atteignent le but que pour autant que les chenilles ne soient pas trop multipliées. Ces moyens sont :

a) Isoler les parcelles attaquées par des fossés;

b) S'emparer des œufs, des chenilles et des nymphes pour les tuer ;

c) Envoyer dans le bois un troupeau de porcs, dans le cas seulement que les chenilles ne soient pas poilues ;

d) Employer des lumières dans lesquelles les papillons viennent se jeter et se brûler au vol pendant la nuit.

Les phénomènes de la nature qui peuvent occasionner de grands dégâts dans les forêts sont les inondations et les ensablements.

Par les inondations, la couche végétale peut être arrachée et entraînée par les eaux ; le sol peut être couvert de sable et de pierres, et si l'eau ne trouve pas d'issue, il peut se former des marécages.

Les inondations peuvent avoir leurs causes dans le mauvais état dans lequel on laisse abandonné le lit des cours d'eau. Les remèdes contre ce mal, c'est le curage, parfois l'élargissement et le redressement du lit des cours d'eau.

La formation des marécages peut être due aux

inondations dont les eaux ne trouvent point d'issue, à un sous-sol imperméable aux eaux de pluie.

De bons, de larges et profonds fossés rendent le plus souvent tout l'effet désirable, pourvu toutefois que l'on puisse donner assez de pente pour l'écoulement des eaux.

Le sable mouvant peut quelquefois enterrer des forêts entières et occasionner leur perte. Conserver avec le plus grand soin la couverture qui maintient le sable, ne pas couper imprudemment des forêts qui se trouvent à proximité de ces sables, ne pas remuer le sol, sont des lois à respecter.

Le reboisement des sables mouvants est une opération très-difficile ; ce n'est qu'après être parvenu à établir des clayonnages nombreux, et avoir rendu quelque stabilité au sable, que l'on peut essayer un semis de pins sylvestres, en ayant soin de le couvrir et de le protéger avec des ramilles, de la paille, etc., etc.

DE L'EXPLOITATION DES BOIS.

L'exploitation des bois nous apprend à récolter les produits forestiers, qui sont : 1° le bois ; 2° les écorces ; 3° les séves ; 4° les fruits ; 5° les feuilles ; 6° les plantes autres que le bois proprement dit ; 7° les produits minéralogiques.

Le bois, désigné, suivant les usages auxquels on le destine, sous le nom de bois d'œuvre et bois de chauffage, est le produit principal des forêts.

Pour l'abatage ou la coupe du bois, on distingue deux époques.

La coupe d'hiver ou celle qui a lieu depuis la chute

jusqu'à la réapparition des feuilles, et la coupe d'été ou celle qui a lieu depuis l'apparition des feuilles jusqu'à l'automne.

Dans le plus grand nombre des cas, on doit donner la préférence à la période d'hiver, et la coupe des bois pendant la séve n'a lieu que quand il faut récolter les écorces, ou quand les rigueurs du climat ou le manque d'ouvriers ne permettent pas de couper pendant l'hiver, ou dans des forêts de résineux où il importe d'écorcer les arbres abattus pour empêcher les insectes de s'y loger.

L'abatage des arbres a lieu, soit qu'on les ôte de la terre avec leurs racines au moyen de la bêche et de la houe, soit qu'on les coupe au niveau de la superficie du sol au moyen de la cognée, ou de la hache, ou de la scie.

La première méthode a cet avantage qu'elle permet de récolter la plus grande masse de bois, et d'éviter le dérodage des étocs et des souches. Elle a, au contraire, cet inconvénient qu'il est difficile de diriger la chute de l'arbre ; ensuite, elle n'est praticable que sous certaines conditions de sol et de position.

Le coupage à la hache est partout praticable et permet déjà de mieux diriger la chute de l'arbre, mais pour des arbres de fortes dimensions la perte par les copeaux n'est pas peu sensible.

Le sciage évite tous les inconvénients ; la perte de bois est nulle, et la chute de l'arbre se laisse diriger en tous sens au moyen de cordages.

Dans les taillis, on ne se sert que de la hache ou hachette. Ces instruments doivent être très-bien effilés ; il faut que le bois soit coupé à plate taille, le plus près possible du sol et sans fendiller les souches.

Le bois coupé doit être façonné et assorti, suivant

divers usages, en bois d'œuvre et en bois de chauffage, et transporté aussitôt hors des coupes.

Pour le transport du bois, il faut avant tout chercher à le rendre le plus facile possible, et pour cela il convient de construire et d'entretenir de bons chemins de vidange à proximité desquels on porte ou on traîne le bois à charger sur les instruments de transport, chariots, charrettes, etc., etc., afin d'éviter d'entrer dans l'intérieur des coupes, et causer ainsi peu ou point de dommages au recru.

Le transport du bois a lieu quelquefois aussi par eau, soit en le chargeant sur des bateaux, soit en le flottant simplement.

Le flottage dans les petits ruisseaux a lieu souvent à bûches ou pièces perdues; dans les grands ruisseaux, les rivières, il se fait sur des radeaux composés de plusieurs pièces de bois réunies ensemble pour former une flotte.

Quand les petits ruisseaux ne donnent pas naturellement la quantité d'eau nécessaire pour le flottage, souvent on établit sur leur cours des barrages afin d'y faire des retenues d'eau de distance en distance. Aussitôt que l'eau a atteint la crue nécessaire, on ouvre brusquement les écluses ou barrages, et le bois qui s'était déposé dans ces réservoirs est transporté ainsi jusqu'à un barrage voisin, et ainsi de suite jusqu'à destination.

Plusieurs radeaux réunis constituent un train ou flotte, dont la conduite est confiée à des hommes spéciaux, qui possèdent pour ce genre de service l'habitude, la pratique et l'aptitude nécessaires.

L'écorce du chêne et de l'épicéa sert pour le tannage des cuirs; l'écorce du tilleul et de l'orme pour faire des liens, des cordes et des nattes; l'écorce de l'aune pour la teinture.

L'écorce de chêne est seule exploitée en grand. La récolte de l'écorce de chêne se fait au printemps, lorsque recommence la circulation de la séve. Les arbres et les perches dont on veut utiliser les écorces doivent avant tout être abattus; dans les bois taillis, on peut peler le bois sur pied, ce qui rend l'opération plus facile et moins dangereuse pour la conservation et la bonne reproduction des souches, à condition pourtant que l'on opère de manière à arracher l'écorce de bas en haut, et non de haut en bas. A cet effet, on coupe circulairement au pied de la souche l'écorce jusqu'au bois, et alors au moyen d'un élévatoire *ad hoc*, ou au moyen d'une hachette, on soulève doucement l'écorce que l'on saisit ensuite avec des tenailles ou avec les mains, et on l'enlève ainsi par bandes de bas en haut ; de cette manière on ne blesse, on ne déchire, on ne fendille jamais l'écorce de la souche, ce qui est toujours plus ou moins nuisible pour cette dernière.

L'écorce ainsi obtenue est mise dans un lieu sec, la surface interne tournée vers le sol ou appuyée contre des troncs d'arbres ou des perches dressées pour cet usage, pour la faire sécher; seulement il faut avoir soin que l'écorce ne puisse tomber, de peur qu'en cas de pluie l'eau n'y séjourne et n'épuise la force du tanin.

Lorsque l'écorce est plus ou moins séchée, elle est liée en bottes de 25 à 50 kilogr. et livrée au commerce.

La séve de l'érable et du bouleau est rarement utilisée pour en extraire le sucre qu'elle contient.

La térébenthine et autres substances résineuses des arbres verts ou résineux forment un objet important du commerce. La térébenthine peut être obtenue de toutes les essences résineuses, toutefois on ne l'extrait ordinairement que du sapin blanc (*pinus abies*).

Pour cela on fore au printemps un certain nombre de trous dans le tronc de l'arbre, d'où s'écoule dans des vases la térébenthine.

La résine ou poix résine est plus particulièrement récoltée sur le sapin rouge (*pinus picea*) sur lequel on enlève au printemps l'écorce par bandes très-étroites dans lesquelles la résine s'amasse, se durcit, et d'où on l'enlève pendant l'été avec des instruments qui ont la forme d'un racloir.

Les fruits des arbres de forêts, comme les faînes du hêtre, les glands du chêne, etc., etc., sont récoltés pour la nourriture du porc. Au lieu de cueillir ces fruits, on préfère souvent les laisser manger sur place par des porcs que l'on élève et que l'on engraisse ainsi dans les bois.

Les faînes servent aussi à l'extraction de l'huile.

Les essences feuillues peuvent souvent vers le mois de juillet ou d'août être dépouillées d'une partie de leurs feuilles et rameaux, qui sont donnés verts ou secs au bétail. Les feuilles et rameaux des arbres résineux peuvent aussi être récoltés ainsi pour servir de litière; toutefois on ne devrait faire subir cette opération qu'aux arbres résineux destinés à être coupés prochainement.

Les feuilles tombées peuvent jusqu'à un certain point être ramassées pour litière, mais il faut avoir soin de ne laisser employer que des râteaux en bois, afin de faire le moins de tort possible au recru; il ne convient de laisser ramasser les feuilles que dans les bois dont l'âge d'exploitabilité est proche, et encore faut-il ne le permettre que jusque vers trois ou quatre ans avant la coupe.

Les plantes herbacées qui croissent dans les bois,

telles que les plantes médicinales et tinctoriales, celles qui peuvent servir de nourriture ou de litière au bétail, peuvent, suivant l'âge du bois, la nature des essences, suivant la nature du sol et du climat, être récoltées sans inconvénient et cueillies à la main, coupées à la faux, à la faucille ou au couteau, ou même être pâturées. Dans tous les cas il faut, avant de permettre ces usages, bien s'assurer s'ils peuvent avoir lieu sans dommage pour la croissance et la bonne conservation du bois, et toujours se souvenir que ces usages sont dans tous les cas une soustraction de fumier que l'on fait subir aux forêts.

DEUXIÈME PARTIE.

ÉCONOMIE FORESTIÈRE.

L'économie forestière nous apprend à mettre la production forestière en harmonie avec le but du propriétaire.

Elle s'occupe :

1° Des systèmes de culture;

2° De l'aménagement et de l'estimation des forêts;

3° De l'organisation et de la direction forestières.

DES SYSTÈMES DE CULTURE.

Comme l'économie rurale, l'économie forestière possède divers systèmes de culture que le forestier doit nécessairement connaître s'il veut faire un choix judicieux des moyens d'atteindre le but qu'il se propose.

L'industrie forestière, comparée aux autres industries et à l'agriculture surtout, offre diverses particularités qui lui sont propres :

1° L'agriculture cherche toujours à utiliser le meilleur sol possible, tandis que l'industrie forestière se contente souvent du sol que l'agriculture répudie complétement.

2° Moins le sol des forêts est propre à l'agriculture, plus est grand le revenu forestier, parce que dans ce cas le capital foncier est moins considérable.

3° L'industrie forestière peut, strictement parlant, se passer d'inventaire, bâtiments, instruments, machines, etc., ce qui n'est pas possible en agriculture. Mais d'un autre côté, pour pouvoir faire annuellement une coupe régulière de bois, il faut un capital considérable en bois sur pied de divers âges de croissance, et ce capital inventaire ou mobilier surpasse souvent de beaucoup en valeur le mobilier ou inventaire agricole : ainsi, pour pouvoir récolter annuellement un hectare de bois ayant cent ans de croissance, il faut posséder 100 hectares de bois d'un an à cent ans de croissance, dont on coupe annuellement un hectare peuplé de bois de cent ans de croissance. Cet inventaire ou capital bois sur pied a de plus cette particularité qu'il est très-destructible et peu propre à être hypothéqué ou à servir de garantie.

4° En industrie forestière, tout le travail se borne pour ainsi dire à la garde et à la main-d'œuvre qu'exige la récolte des produits des bois, travaux qui se laissent exécuter par des ouvriers ordinaires, et ce pendant une saison où les travaux agricoles sont nuls ou peu abondants; de sorte qu'il ne faut que l'entretien continuel d'un personnel peu nombreux.

5° Les phénomènes atmosphériques de chaud et de froid, de sécheresse et d'humidité, ont peu ou pas d'influence sur le revenu annuel des forêts, parce qu'il s'établit une sorte de compensation entre les bonnes et mauvaises années pendant lesquelles le bois reste sur pied pour atteindre le développement de croissance voulu.

DES SYSTÈMES DE CULTURE EN PARTICULIER.

Le jardinage des futaies favorise le rajeunissement et la reproduction naturelle des bois résineux sous un climat rigoureux, comme sur des pentes rapides où des influences climatériques et météorologiques peuvent souvent exercer de funestes ravages et détruire pour longtemps ou pour toujours toute productivité du sol.

Le jardinage rend possible de récolter annuellement les divers assortiments de bois, parce que dans les forêts jardinées il existe toujours des bois de tout âge et de toute dimension. Il convient particulièrement pour les petits propriétaires de bois résineux qui veulent retirer un revenu annuel, parce qu'il n'exige pas comme les autres systèmes un inventaire si considérable.

Le jardinage d'un autre côté ne fournit pas la plus grande masse de bois possible.

La coupe et le transport du bois occasionnent toujours de grands dégâts dans les forêts jardinées, et la surveillance des coupes y est plus difficile.

Le pâturage y est nul ou presque nul, du moins les bois doivent rester plus longtemps en défense. Une exploitation régulière y est impossible et le revenu difficile à déterminer.

Le système des taillis se recommande, quand on veut tirer parti de bonne heure du bois des essences feuillues qui n'ont pas encore l'âge voulu pour la reproduction par ensemencement naturel, ainsi que pour des cas de pénurie de bois momentanée. Il exige un plus petit inventaire de bois sur pied que tous les autres systèmes ; c'est ainsi que, pour une révolution de 10 ans, il n'exige que cinq fois, pour une de 20 ans que dix fois, et pour une de 30 ans que quatorze à seize fois la masse du produit annuel.

Il permet avec moins d'inconvénients et plus tôt et plus souvent le pâturage, etc.

Il réclame moins d'étude et moins de connaissances de la part du forestier.

Il convient fort bien pour de petits propriétaires.

Il produit par contre la plus petite masse de bois et de la moindre valeur.

Le sol souffre souvent et perd de sa fertilité par des dénudements réitérés de sa surface.

Les souches perdues ne peuvent être remplacées que par une culture artificielle.

Les futaies sur taillis ou les taillis sur futaies, comme on veut les appeler, ont aussi leurs particularités. Ainsi dans les climats rigoureux la reproduction est plus assurée pour les futaies sur taillis que pour les taillis simples.

La direction des coupes est plus simple et plus facile que pour les futaies proprement dites.

Les arbres y atteignent en moins de temps des dimensions plus fortes.

Le pâturage peut s'y pratiquer avec le moins d'inconvénients.

Il exige un inventaire en bois sur pied moitié moindre que la haute futaie.

Il fournit par contre moins de bois, et quant à la valeur et quant à la masse, et sous ce dernier point de vue, le rapport est comme 7:10.

DES DIVERS MODES DE REPRODUCTION DES BOIS.

On distingue deux modes de reproduction ou régénération des bois, savoir :

1° La reproduction naturelle par réensemencement naturel et par rejets ou drageons;

2° La reproduction artificielle par semis et plantations.

Le premier mode est de rigueur pour les futaies jardinées, et pour les taillis et les futaies sur taillis; le second mode n'est ici employé que pour repeupler les vides et clairières.

Comme avantages du premier mode, il faut reconnaître que :

1° Le sol perd moins de ses forces fertilisantes parce qu'il reste moins longtemps exposé à l'action de l'air et de la lumière;

2° Les frais de culture sont nuls;

2° Sous certaines conditions de sol et de climat, comme pour certaines essences, qui pendant le jeune âge sont très-délicates, ce premier mode est à préférer, et donne toujours de meilleurs résultats.

Le second mode a aussi son bon côté :

1° Il permet de déroder et d'utiliser complétement les souches ;

2° Il n'oblige pas à attendre, souvent longtemps, une année d'abondance en semences ;

3° Sous des circonstances favorables de sol, de climat et de population, il permet quelquefois d'employer pendant un certain laps de temps le sol des bois à l'agriculture, et cette culture du sol peut influer favorablement sur la bonne venue des plantes de bois.

Il permet aussi de mieux choisir les essences qui conviennent au climat, au sol, et qui répondent au but du propriétaire.

DES DIVERS MODES DE CULTURE ARTIFICIELLE.

Avant de se prononcer pour ou contre les semis ou les plantations, il faut se rappeler que :

1° Les semis se recommandent particulièrement quand le sol ne réclame que peu ou point de préparation, parce qu'alors les semis surpassent en économie tous les autres modes de culture.

Les semis permettent de créer des massifs très-serrés et touffus, dans lesquels on opère en peu de temps des éclaircies qui donnent un premier revenu.

Dans les semis, il est vrai que les jeunes plantes, depuis l'époque des semailles, pendant la germination et dans le très-jeune âge, sont exposées à mille dangers de la part des phénomènes atmosphériques, de la part des végétaux parasites et de la part des animaux.

2° La plantation comparée au semis possède les avantages suivants :

a) Dans un mauvais sol, dans de mauvaises expositions, dans un sol dur, la plantation est plus sûre et même moins coûteuse;

b) On gagne en accroissement, puisque à l'époque de la plantation les plants ont déjà plusieurs années d'âge ;

c) Immédiatement après la plantation, le sol peut encore être rendu pendant quelques années à l'agriculture.

AMÉNAGEMENT ET ESTIMATION DES FORÊTS.

Aménager une forêt, c'est en régler l'exploitation suivant les circonstances locales, et de manière à répondre au but du propriétaire.

Le but du propriétaire peut varier autant que les produits des forêts.

Tantôt c'est la plus grande masse possible de bois d'œuvre ou de bois de chauffage, tantôt ce sont les écorces, etc., etc., qui font le principal objet de l'exploitation, tantôt c'est l'obtention d'une certaine quantité de ces produits tout à la fois, et suivant ces cas l'aménagement doit également être différent.

L'aménagement des forêts s'occupe :

1° Du choix des essences les plus convenables ;

2° Du choix du système de culture ;

3° De la détermination de l'âge d'exploitabilité des bois ;

4° De la détermination des cas où il faut régler l'exploitation de manière à obtenir ou non, annuellement, une succession constante et égale des meilleurs produits possible.

Avant de procéder à un aménagement définitif, il faut encore rechercher et bien peser les conditions physiques, économiques et commerciales des lieux, c'est-à-dire qu'il s'agit avant tout d'une description exacte et détaillée des forêts qui doivent être aménagées.

Cette description doit comprendre :

1° L'étendue des forêts ;

2° La position géographique et physique, pour en déduire les conditions climatériques ;

3° La constitution géologique, avec les diverses natures de sol ;

4° La grandeur de chaque division parcellaire ou de chaque district forestier, avec indication des lieux peuplés, des vides et clairières ;

5° La nature du sol et du climat de chacun de ces districts ;

6 L'état forestier actuel et le mode d'exploitation auquel les divers districts ont été soumis ;

7° L'âge du bois de chaque district et de ses divisions et subdivisions ;

8° Les servitudes qui grèvent les forêts ;

9° Les débouchés pour les divers produits forestiers ;

10° Les dangers, les dégâts, les dégradations, les délits que les forêts ont à craindre.

D'un côté, la connaissance parfaite des forêts, d'un autre côté, le but bien connu du propriétaire, rendent l'aménagement et plus simple et plus facile.

Quant au choix des meilleures essences, ce sont le climat, le sol, le but du propriétaire qui dictent la loi. Les essences désirables ne sont-elles pas encore obtenues, il faut, par une culture artificielle, rationnelle, procéder à la conversion des essences.

Pour déterminer le système de culture et l'âge d'exploitabilité des bois, il faut s'enquérir des besoins du consommateur d'abord et de la fortune du propriétaire, voir si celui-ci est ou non en état de conserver un inventaire ou un capital considérable en bois sur pied. Du reste, il faut remarquer que l'on trouve rarement les forêts à aménager tellement bien ordonnancées en âge et en croissance, etc., que l'on puisse de prime abord déterminer définitivement l'âge d'exploitabilité pour tous les districts avec leurs divisions et subdivisions.

Pour le propriétaire qui n'a pas de bois de grande étendue, pour qui les produits forestiers ne constituent qu'un revenu accessoire, il importe peu qu'il y ait annuellement une succession régulière et égale des meilleurs produits possible ; mais il en est autrement pour le propriétaire de grands bois, non-seulement parce que, pour lui, souvent les produits forestiers forment le revenu principal, mais aussi parce que, dans une contrée, les besoins restent annuellement à peu près les mêmes, en sorte que des coupes trop fortes feraient baisser les prix, de manière qu'il est infiniment préférable de faire des coupes annuelles et égales pour en retirer un revenu annuel constant et régulier.

C'est maintenant à l'*estimation* ou *taxation* des forêts qu'il appartient de démontrer comment cette succession constante et égale des produits annuels doit être établie pour une superficie et pour un système de culture donnés.

Pour la taxation, il y a diverses méthodes.

La plus simple consiste à prendre une moyenne des produits des coupes qui ont eu lieu pendant une certaine série d'années. Toutefois, cette méthode ne donne le plus souvent que des résultats peu exacts, surtout si on voulait l'appliquer à d'autres forêts que celles où la moyenne a été recueillie.

Une autre méthode, également appelée empirique, plus exacte, consiste, après avoir déterminé le système de culture et la possibilité (âge d'exploitabilité), après avoir calculé la somme totale des produits à recueillir pendant toute la révolution du terme d'exploitation, à diviser également cette somme sur les diverses périodes de l'exploitabilité, et de même le produit des périodes sur les années de chacune de ces périodes.

Une troisième méthode, appelée *méthode rationnelle,* consiste à déterminer seulement le système de culture et la possibilité, et à calculer ensuite, d'après le rapport qui existe entre l'état actuel de la forêt et son accroissement, le produit annuel ou périodique.

L'une et l'autre de ces deux dernières méthodes exigent que l'on fasse le relevé exact de l'inventaire-bois (bois sur pied) et de son accroissement présent et futur.

Pour faire le relevé de cet inventaire-bois et de son accroissement, on procède différemment suivant que l'on a affaire à de jeunes ou à de vieux bois, et suivant encore que l'on veut atteindre une plus ou moins grande précision.

1° Pour les bois d'un certain âge et de grande étendue, on peut, après les avoir parcourus et examinés en tous sens, déterminer le produit moyen par hectare. L'application de cette méthode d'expertise, quelque superficielle qu'elle puisse paraître, donne, pour celui qui s'est exercé par une longue pratique, des résultats très-satisfaisants d'exactitude, bien entendu pour le même système de culture et pour les mêmes essences;

2° On peut aussi diviser la forêt en coupes égales ou proportionnelles suivant la productivité des bois.

Dans le premier cas, on divise la forêt en autant de coupes ou parties géométriques égales qu'il y a d'années dans la révolution (le terme d'exploitabilité), ce qui fait supposer que le climat et le sol sont uniformément les mêmes pour tout le territoire de la forêt, car dans le cas contraire les coupes sont géométriquement inégales en superficie, mais proportionnellement égales en produits. Cette méthode est la plus ancienne; elle ne convient que pour le système des taillis, et encore pour le système des futaies sur taillis; peut-être aussi pour les futaies exploitées à blanc étoc. Mais elle est impraticable pour les futaies proprement dites, et, en général, pour les forêts composées de futaies, de taillis et de futaies sur taillis.

Pour faire l'inventaire-bois dans les futaies d'un certain âge, et où il s'agit d'exactitude avant tout, il convient de faire le métré cubique de tous les arbres, soit que l'on estime à vue d'œil chaque arbre individuellement, soit que l'on procède par classes d'arbres. Dans ce dernier cas, on divise les arbres par classes, suivant leur diamètre et leur hauteur moyens, on fait le métré de chaque classe, on cherche le nombre des arbres qui appartiennent à chaque classe, et on multiplie par le métré moyen respectif de chacune de ces classes.

Pour atteindre un plus haut degré d'exactitude encore, on peut avec une mesure *ad hoc* prendre à hauteur de poitrine d'homme, ou à 1 mètre 50 centimètres de hauteur la circonférence ou le carré du tronc de chaque arbre individuellement, ou de quelques-uns des arbres de chaque classe, et ensuite chercher la hauteur, soit aux arbres sur pied, soit à quelques arbres abattus, et trouver ainsi le métré cubique d'une manière très-satisfaisante, sinon parfaitement mathématique. On regarde le tronc des arbres comme cylindre ou comme cône dans le calcul. Dans un cas comme dans l'autre, il faut réduire, au moyen de nombres de réduction, à sa juste valeur le métré cubique ainsi obtenu, parce que, dans le premier cas, le cube est trop fort, et dans le second il est trop faible.

C'est le moment de dire un mot de la xylométrie, ou du mesurage, cubage du bois.

Il faut d'abord se rappeler que :

1° Le carré du cercle ou la surface du cercle est égale au carré du rayon multiplié par 3, 14 . . . ou $R^2\pi$;

2° Le cube du cylindre est égal à la base multipliée par la hauteur ou le cylindre $= R^2\pi H$;

3° Le cube du cône est égal à la base multipliée par le tiers de la hauteur ou le cône $= \frac{R^2\pi H}{3}$

Maintenant, pour mesurer l'*arbre coupé*, on le divise ou on le suppose divisé en billots ou tronçons de 3 à 4 mètres, que l'on cube comme cylindre, en ayant soin de mesurer comme base le milieu du tronçon, ensuite on additionne les cubes trouvés, et on obtient le cube du tronc de l'arbre.

Pour trouver le cube des branches et des racines, on réduit leur poids en mesure cubique. Sachant ce que pèse un mètre ou un décimètre cube de bois, on trouve facilement, par une simple règle de trois, le cube contenu dans le poids des branches et des racines.

Pour cuber l'*arbre sur pied*, on le considère comme cylindre ou comme cône, en ayant soin de ne pas oublier de faire usage des nombres de réduction.

Ainsi, supposons à cuber un chêne sur pied, mesurant 1m,80 de circonférence, pris à 1m,50 au-dessus du sol, et ayant 22 mètres d'élévation à la dernière extrémité de la cime de l'arbre; considérant l'arbre comme cylindre, nous aurons $R^2\pi H$ ou $0{,}30 \times 0{,}30 \times 3{,}14 \times 22 = 6{,}2171$.

Mais ce résultat est trop fort, et il faut, pour obtenir le cube véritable, réduire ce résultat trop fort au moyen du *facteur* de réduction, qui, pour les chênes de cette élévation, est d'environ 0,60; ainsi le cube sera $6{,}217 \times 0{,}60 = 3{,}730$, et la formule devient $R^2\pi HF$.

Voici maintenant quels sont les facteurs de réduction dont on peut faire usage pour les diverses hauteurs des arbres et pour les diverses essences :

HAUTEURS.	HÊTRE.	CHÊNE.	AUNE, PEUPLIER.	SAPIN.	PIN.
10	0,61	0,62	0,57	0,52	0,58
25	0,57	0,60	0,55	0,50	0,55
40	0,54	0,57	0,52	0,48	0,53

On peut mesurer *la hauteur* des arbres soit à vue d'œil, soit en abattant quelques arbres de chaque classe pour les mesurer ensuite, et prendre une moyenne hauteur pour chaque classe, soit en mesurant la hauteur des arbres sur pied au moyen d'instruments appelés *dendromètres,* dont il y a un grand nombre plus ou moins compliqués. Le plus simple est toujours le meilleur.

Il consiste en un simple bâton d'un mètre de longueur, muni, à un bout, d'une pointe en fer de 5 à 6 centimètres de longueur; à l'autre bout, on doit pouvoir adapter une règle de 25 à 30 centimètres de longueur, et qui puisse tourner sur un axe. Voir la figure ci-contre.

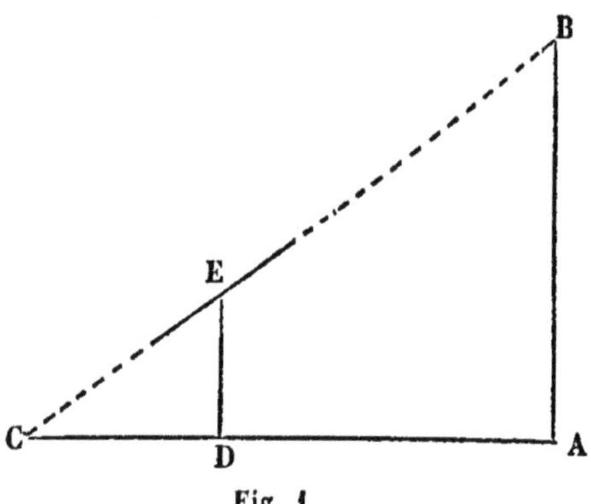

Fig. 1.

Pour se servir de l'instrument il suffit de savoir que deux angles sont entre eux comme les arcs compris entre leurs côtés et décrits de leurs sommets comme centre avec le même rayon, c'est-à-dire que AC : AB = DC : DE ou DC : DE = AC : AB, fig. 2.

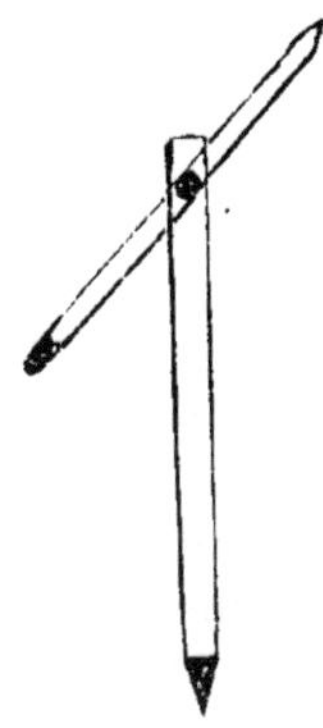

Fig. 2.

Ainsi, AB pourrait représenter l'arbre dont la hauteur (x) est inconnue, DE le dendromètre, dont la hauteur (1 mètre) est connue, C le point où le prolongement de la ligne visuelle vient frapper le sol, les distances AC (100 mètres) et CD (5 mètres) sont également connues, et puisque $1 : 5 = x : 100$, ou puisque $5 : 1 = 100 : x$, la hauteur AB sera 20 mètres.

Le reste se comprend, il est inutile de dire comment il faut opérer dans les cas analogues.

Quand on a affaire à de très-grandes étendues de forêt, il faut chercher à abréger la taxation le plus possible, et alors, au lieu de relever chaque arbre isolément, ou même chaque classe d'arbres de toute la forêt, on se borne à faire dans divers endroits des coupes de 10, 20 à 25 ares environ, dont on mesure exactement tous les produits ; ou bien, au lieu de coupes réelles, on ne fait que des taxations partielles de 10, 15 ou 20 ares, dont on compte très-exactement tout le bois qu'on trouve, le mesurant et le calculant, et c'est ainsi que du connu on conclut alors au tout inconnu.

Cependant, il faut beaucoup de circonspection dans l'emploi de ce procédé, car il est extrêmement difficile de trouver des parties de bois qui répondent parfaitement à la totalité, et l'on pourrait être conduit à de faux résultats.

De tout ce qui précède il résulte qu'il est si difficile et si coûteux, au moyen de procédés compliqués, d'obtenir l'inventaire-bois d'une forêt tant soit peu étendue, qu'il paraît rationnel d'opérer le relevé du bois plutôt par une simple estimation à vue d'œil que par le mesurage et le calcul.

Un taxateur forestier doit, par conséquent, chercher à se rendre capable d'estimer, au moins approximativement, avec assez de justesse combien il y y a de bois sur un hectare.

Pour acquérir cette capacité, il convient de faire de temps en temps des estimations parcellaires par un mesurage exact ; il convient aussi de consulter les résultats bien connus des coupes antérieures.

L'estimation peut encore se faire au moyen de bonnes *tables d'expériences*, confectionnées avec soin sur le nombre et la dimension des arbres, et la masse en général que peut contenir un hectare de bois à diverses époques de sa croissance, et suivant la nature du sol.

Ces tables ne peuvent être confectionnées que dans des bois régulièrement et uniformément peuplés, car dans des bois mal peuplés on ne peut rien trouver de positif, ou bien des tables formées avec de tels éléments n'auraient de la valeur que pour ceux qui les auraient créées.

Pour se servir de ces tables d'expériences sur la masse de bois, il faut avant tout s'enquérir de la nature du sol, lui assigner la place dans une des classes des tables d'expériences, et voir ensuite quelle est la masse de produits qui correspond à cette classe de sol et à l'âge du bois. Si le bois n'est pas tout à fait régulièrement bien peuplé, il est souvent possible de déterminer jusqu'à quel point cette irrégularité peut influer sur la quantité du produit, et alors aussi on peut souvent mettre le sol dans une classe inférieure, ou réduire de quelques pour cent la masse donnée pour les forêts régulières.

Pour estimer le revenu forestier, il ne suffit pas de connattre la masse de bois présente, mais il faut encore pouvoir apprécier la masse future ou l'accroissement futur du bois. Les arbres croissent, se développent en longueur et en épaisseur. Chaque année, tandis que de nouvelles pousses se développent des bourgeons, il se forme entre l'écorce et le bois une nouvelle couche, une espèce d'anneau. Si l'on mesure la force des anneaux annuels à toutes les hauteurs, et, en général, à toutes les parties d'un arbre, et si, de même, on examine soigneusement les jeunes pousses des branches et principalement la cime ou la pousse terminale, on peut arriver à découvrir, de cette manière, l'accroissement annuel d'un arbre et conclure également avec assez de vraisemblance à l'accroissement futur, en considérant les circonstances qui peuvent encore influer sur cet accroissement.

Dans les bois déjà d'un certain âge, on peut admettre que la force des anneaux annuels, telle qu'elle a été pendant les 15 à 20 dernières années, sera encore telle pendant les 15 à 20 années suivantes. On examine donc l'épaisseur qu'un arbre a acquise pendant un certain nombre d'années, et l'on calcule par la différence entre l'accroissement présent et l'accroissement futur. Le plus souvent on exprime cette quantité d'accroissement en autant pour cent de la masse présente; ainsi l'on dit: L'accroissement est de 5, 4, 3, 2, 1 p. 100, etc.

Souvent on est obligé de déterminer l'accroissement qui s'opère encore entre les coupes préparatoires d'ensemencement et la coupe définitive; on peut, si les coupes se suivent régulièrement, admettre que l'accroissement annuel vaut celui de la moitié du temps d'exploitation.

Le plus souvent, on détermine l'accroissement futur au moyen de tables destinées à cet effet.

Après avoir déterminé le système de culture, après avoir pris connaissance de l'état actuel de la forêt, après avoir recherché autant que possible ses ressources futures, il faut vouloir déterminer aussi la quotité des coupes qui doivent se succéder tous les ans de la manière la plus constante et la plus égale pendant tout ce temps fixé par l'âge d'exploitabilité.

Pendant ce long intervalle, 50, 60, 70, 100, 150 ans, etc., des révisions devant avoir lieu, on a, pour plus de facilité, admis des périodes de 10, 15 ou 20 années.

Après avoir trouvé par l'estimation la somme totale des produits à recueillir pendant tout le terme fixé par l'âge d'exploitabilité, on divise cette somme par le nombre d'années comprises dans ce terme, afin de déterminer la quotité des coupes annuelles.

Jamais, ou presque jamais, on ne trouve dans une forêt cette gradation régulière des âges, année par année, pour des surfaces égales, et toujours il arrive que le produit d'une période n'est guère proportionné au produit d'une autre période. Dans ce cas, il faut autant que possible transposer des bois entiers, ou des parties de bois, qui s'y prêtent le mieux, d'une période dans une autre, et chercher ainsi à les égaliser toutes le mieux possible.

C'est cette égalisation des périodes qui facilite et permet d'établir seule la possibilité des coupes annuelles égales. Cette distribution des produits sur diverses périodes et leur égalisation est une des plus sûres garanties pour l'égalisation du revenu annuel; de plus, comme à chacune de ces périodes il y a des surfaces données, il est certain que l'on ne coupera pas d'un côté ce qu'il pourrait y avoir de déficit d'accroissement d'un autre côté.

Pour s'assurer de la bonté et de l'exactitude des taxations, on doit avoir soin d'ouvrir un compte à chacune des périodes, où, d'un côté, figure le résultat de l'estimation, et de l'autre, celui de l'exploitation, de manière à s'assurer que les coupes annuelles sont en dessous ou en dessus de l'estimation ou de la possibilité, et qu'il y ait ou non lieu d'apporter des modifications. A l'expiration de la première période, une révision doit avoir lieu pour laquelle on utilise tous les renseignements fournis par la première période.

Après les rectifications et changements pour raisons quelconques, on détermine de nouveau le produit des coupes annuelles, et l'on désigne les districts ou parties de forêt qui devront les fournir.

Cette méthode de déterminer le quantum des coupes annuelles est la plus suivie de nos jours; on la désigne sous le nom de méthode empirique pour la distinguer de la méthode Hundeshagen, dite méthode rationnelle.

Il est admis qu'il y a ou qu'il peut y avoir des

forêts parfaites, tant pour l'ordonnancement des divers âges que pour l'accroissement annuel. Cet état de perfection est appelé l'*état normal.*

Le premier usage que l'on fait de cette vérité ou de cette hypothèse sur l'état normal, est d'établir ce principe, que le produit, ou la masse, ou le volume de la coupe la plus ancienne est égal au produit, à la masse ou au volume de l'accroissement annuel de toutes les autres coupes réunies.

Le rapport de la masse entière d'une forêt normale à l'accroissement annuel peut, d'après cette méthode, servir pour trouver le produit ou l'accroissement annuel d'une forêt anormale sans devoir pour cela le rechercher autrement. Pour cela il est admis que dans ces forêts normales le produit annuel ou le revenu annuel doit être à la masse ou au capital-bois comme l'accroissement, le produit ou le revenu annuel est à la masse ou au capital-bois dans les forêts normales.

Ce rapport est ensuite exprimé par une fraction décimale, appelée le pour cent ou le taux des intérêts, du revenu, du produit de la forêt.

Ainsi supposé une forêt normale dont la masse, le capital-bois soit M, l'accroissement annuel ou le produit annuel A. Le pour cent d'accroissement sera $\frac{A}{M}$ et si M = 11600 stères, A = 350 stères, ce pour °/₀ sera $\frac{350}{11600}$ = 0,03. Mais si M = 7733 stères seulement, A = 7733 × 0,03 = 232 stères environ.

Pour l'application de cette méthode, il faut nécessairement avoir à sa disposition, pour chaque système de culture et d'exploitation, pour chaque essence d'arbres, et pour chaque classe de sol, des tables d'expériences où sont donnés les masses et les accroissements annuels par hectare pour tous les âges des arbres de forêts normales. Au moyen de ces tables on peut, par une simple addition, trouver la somme de la masse générale par laquelle on divise l'accroissement général annuel pour obtenir le pour cent du produit annuel.

Les tables de Cotta pour l'accroissement des bois à divers âges ont été réduites au système métrique par Salomon de Nancy.

Pour trouver maintenant le produit annuel d'une forêt dont l'essence et le sol sont connus, il suffit de relever l'inventaire, la masse générale de bois de cette forêt, et de multiplier par le pour cent qui lui est applicable.

L'application de cette méthode n'exige pas l'existence d'un plan spécial d'aménagement; il suffit de connaître le système de culture et le terme de l'exploitabilité.

Mais puisque avec le temps l'état de la forêt peut venir à se modifier, il est indispensable de faire de temps en temps, tous les dix ans, par exemple, une révision pour faire un nouvel inventaire du bois existant sur pied et pour déterminer, d'après ce nouvel inventaire, le nouveau revenu.

Pour l'estimation des produits accessoires des forêts, il faut généralement s'en tenir à des expériences locales, qu'il est toujours urgent de colliger pour les consulter au besoin.

DE L'ORGANISATION ET DE LA DIRECTION FORESTIÈRE, OU DE L'ADMINISTRATION FORESTIÈRE.

L'administration forestière s'occupe de l'acquisition des forêts, de l'organisation du personnel et de la direction des travaux que nécessite leur exploitation.

L'organisation forestière suppose la préexistence des forêts ou la possibilité de les acquérir.

S'il s'agit de l'acquisition des forêts, il faut avant tout établir le prix d'acquisition.

Le prix ou la valeur d'une propriété foncière doit se déduire de son revenu. Quand on connaît le revenu, on conclut à la valeur de son capital.

Il faut aussi distinguer entre le *revenu brut* et le *revenu net*. Le premier consiste dans la valeur en argent de tous les produits principaux et accessoires; le second, dans la somme qui reste après déduction faite de tous les frais de production, qui sont :

1° Le travail;

a) Le traitement du personnel;

b) Les frais de conservation et d'amélioration, tels que frais de culture, d'entretien de bornes et de conservation de limites, frais de récolte, frais d'améliorations diverses;

c) Frais d'aménagement et d'estimation;

2° Les servitudes et hypothèques;

3° L'inventaire-bois. Celui-ci doit être considéré comme ayant une valeur de 15 pour cent de moins que le bois parvenu à l'âge d'exploitabilité;

4° Le capital foncier ne vient en ligne de compte que quand il a une valeur agricole.

Les intérêts de ces deux capitaux, l'inventaire et le capital foncier, doivent être calculés d'après le taux normal, et portés en compte parmi les frais de production.

Lorsqu'il s'agit de rechercher le revenu d'un bois, il faut encore savoir si ce revenu est constant, annuel ou non. Dans le premier cas, on recherche d'abord le produit ou le revenu total de tout le terme fixé par l'âge d'exploitabilité, ainsi que tous les frais de production d'où résulte le revenu net, ou, ce qui arrive le plus souvent, un déficit représenté par une quantité négative, vu qu'un véritable revenu net ne se donne que dans des conditions excessivement favorables. Soustrait-on maintenant d'abord les frais de travail du revenu brut, on obtient un reste ou la rente du capital inventaire et du capital foncier, et il est facile de calculer à quel taux ils portent intérêt.

Quand le revenu n'est pas annuel et qu'il ne revient qu'à certaines périodes, le revenu net en argent devient plus petit encore. Dans ce cas, en effet, on porte en compte tous les produits quelconques et les intérêts de ces produits que l'on retire pendant cette période, et on en soustrait les frais de production, également avec leur intérêt, jusqu'à l'époque d'exploitation. Le reste donne le revenu net. Mais comme un capital, dont les intérêts commencent à courir dans un certain nombre d'années seulement, vaut moins qu'un capital qui porte intérêt immédiatement, il faut nécessairement que ce revenu périodique soit diminué des intérêts perdus pour le réduire à sa véritable valeur; on obtient ainsi le montant de la première recette. Cette première recette se renouvelant après le terme d'exploitabilité, il faut ajouter à la valeur de la première la valeur de la seconde recette, et ces deux valeurs réunies donnent la valeur du capital d'un bois à exploitation périodique. La véritable valeur du capital des bois, ou le prix courant auquel les bois se vendent communément, a été calculé jusqu'ici en capitalisant le revenu net qu'ils donnent annuellement.

Ces méthodes scientifiques de calculer la valeur ou le prix des bois ne se laissent pas mettre en pratique pour les ventes de bois qui ont lieu journellement, et l'on voit que, dans le plus grand nombre des cas, les bois se vendent à des prix beaucoup plus élevés que ceux que l'on trouve en calculant méthodiquement. C'est pourquoi aujourd'hui on a renoncé à ces calculs méthodiques pour ne s'en tenir qu'à la valeur de l'inventaire-bois et du sol. Toutefois la valeur du sol ne vient en ligne de compte que quand il y a liberté pleine et entière de son emploi et qu'il est susceptible d'être converti en terre labourable, le cas échéant; sans ces conditions, le sol peut singulièrement diminuer de sa valeur, qui peut même descendre à zéro.

Il n'y a que de rares circonstances où le propriétaire de forêts puisse seul suffire à tous les détails de l'administration. Il lui faut, outre les journaliers ordinaires, des employés spéciaux, dont le nombre varie suivant les besoins du service, suivant aussi l'étendue, la position et le système de culture de la forêt.

Pour les forêts de quelque étendue on peut adopter pour le personnel l'organisation suivante :

L'employé indispensable, c'est le forestier proprement dit, ou directeur de forêt. C'est lui qui est chargé de la partie technique de l'administration. C'est lui qui doit pourvoir à l'exécution des mesures prescrites par le propriétaire ou son délégué.

Comme le directeur forestier ne peut pas administrativement suffire à la surveillance, il lui est adjoint un personnel de garde.

Pour les recettes et les dépenses, il y a souvent un agent comptable ou caissier.

Pour que le propriétaire puisse être sûr de l'exécution de ses ordres, il faut qu'il puisse contrôler la gestion du directeur par lui-même ou par l'intermédiaire d'un inspecteur-contrôleur, qui peut avoir une sphère d'action sur une ou plusieurs forêts suivant leur étendue.

Quant au nombre de chacune de ces catégories d'agents, il est impossible de rien dire de positif;

tout dépend des circonstances locales, de l'aptitude des employés, du système de culture, de la division ou de l'agglomération des parcelles, de l'étendue des forêts. C'est ainsi que, suivant ces circonstances, un district forestier peut être administré par le même personnel quand il a 5,000 hectares comme quand il n'en a que 1,000, sauf pour le personnel de garde.

Il ne suffit pas, pour le propriétaire, d'une bonne organisation du personnel forestier, il lui faut aussi des employés honnêtes, fidèles, actifs, courageux et suffisamment instruits.

Pour atteindre ce but, il faut ne choisir que des hommes dont on connaît la conduite et le caractère, et les payer convenablement.

Le plus souvent il est préférable de n'employer que des personnes de la contrée, qui connaissent déjà la localité et sont souvent moins exigeantes, et aussi parce que le plus ordinairement on ne trouve pas à l'étranger les employés les plus capables, car ceux-ci trouvent chez eux de bonnes positions. Si l'on croit pourtant devoir exiger des connaissances plus étendues, on peut fournir aux employés des occasions d'instruction, dans les établissements du pays ou de l'étranger.

Quant au traitement des employés, il doit être d'abord en rapport avec la position sociale qu'ils occupent, et toujours assez élevés pour leur permettre de vivre assez confortablement et de satisfaire à tous les besoins de la vie, sans devoir commettre des infidélités.

Les sommes à accorder aux divers grades ne se laissent pas exprimer en chiffres, parce que les prix des denrées et les besoins de la vie varient d'une contrée à l'autre.

Quant au mode de payement, il a lieu en nature ou en argent, ou partie en nature, partie en argent, en casuel.

Quand le payement a lieu en argent seulement, l'employé ne peut pas compter sur un revenu annuel égal, à cause des changements des prix dans les denrées, et pour les employés inférieurs, les années de disette et de cherté sont fort à craindre. Le payement en nature est pour les mêmes raisons sujet aux même sinconvénients.

C'est avec raison que l'employé est payé partie en argent, et que l'autre partie de son traitement consiste dans la jouissance du logement, d'une provision annuelle de chauffage et d'une certaine étendue de terrain, suivant les besoins de la famille. Quant à la jouissance d'une partie de terrain cultivable, il faut qu'elle se borne à un petit jardin légumier ou tout au plus à l'étendue strictement nécessaire pour l'entretien d'une ou de deux vaches laitières; d'abord parce que la culture de ses terres peut soustraire l'employé à son service, et aussi parce qu'il pourrait la pratiquer aux dépens de la forêt. Il n'y a que sur des points isolés, où l'employé ne peut se procurer le laitage indispensable, que la culture de terre peut être tolérée.

Le casuel ne devrait consister que dans des primes d'encouragement accordées pour services extraordinaires, pour des actes de courage et de dévouement, etc., etc., ou dans des tantièmes sur le revenu net. Dans aucun cas, le casuel ne doit figurer comme partie principale du traitement; tous les besoins de la vie de l'employé et de sa famille doivent pouvoir être satisfaits par une somme bien fixée à l'avance.

Le personnel étant ainsi organisé, il faut lui apprendre quels sont les devoirs qu'il a à remplir dans les diverses branches du service.

1° Pour l'aménagement et l'estimation des forêts.

La besogne se partage entre le personnel des divers

grades. Le directeur forestier commence par former des districts, divisions et subdivisions, suivant la nature du sol et du climat et suivant l'état de croissance et de culture des bois; l'inspecteur-contrôleur, après vérification faite, les laisse borner définitivement et les fait mesurer, le plus souvent par des géomètres spéciaux.

Le propriétaire ou l'administrateur général détermine le but à atteindre, le système de culture à suivre, ainsi que l'âge d'exploitabilité à observer; toutefois il convient que l'inspecteur-contrôleur soit autorisé à faire telles modifications jugées nécessaires pour les circonstances locales.

Maintenant c'est au directeur forestier d'achever, sous la conduite de l'inspecteur-contrôleur, l'aménagement, c'est-à-dire de déterminer pour les circonstances locales le mode de traitement de chacune des divisions. En même temps il fait l'estimation des produits à espérer, et il les renseigne dans la description de la forêt.

D'après la description de la forêt, il confectionne le relevé du total des produits à espérer, et il en déduit l'état du produit annuel et périodique.

L'inspecteur-contrôleur fait l'état général des estimations et le propose, avec tous les actes y relatifs, à l'approbation de l'administrateur général.

Pour abréger la vérification, il suffit que l'administrateur général fasse par lui-même ou par un délégué la vérification de l'estimation de quelques districts, et que de l'exactitude pour ceux-ci, il conclue à l'exactitude pour les autres.

Après cette vérification, tous les actes sont remis, avec des instructions, au directeur forestier.

2° Pour les travaux de culture. La mise en culture des vides et clairières doit avoir lieu d'après un plan bien arrêté d'avance. L'étendue des vides et clairières est donnée par le mesurage général de la forêt.

Il faut ensuite déterminer le temps pendant lequel ces travaux de culture pour chaque district auront lieu, en ayant égard à l'état du bois environnant, puisqu'il convient de combiner autant que possible les travaux de culture avec ceux de la coupe.

Le plan général des cultures est dressé par le directeur forestier; il est aussi divisé en périodes comme le plan général des coupes d'exploitation.

D'après le plan général, le directeur forestier confectionne le plan périodique, qui lui-même sert de base pour le plan de culture annuel, dans lequel il marque les contenances de terrain à repeupler, soit par semis, soit par plantations, combien il faudra de semences et de plants, quelle préparation le terrain doit subir, et à quelle somme s'élèveront les frais.

Le travail vérifié par l'inspecteur, approuvé par l'administrateur général, est renvoyé au forestier pour le mettre à exécution.

Pendant l'exécution des travaux, le forestier exerce la plus active surveillance; il tient un journal dans lequel il inscrit jour par jour les détails des opérations; il dresse ensuite les états des dépenses, qui, vérifiés par l'inspecteur, sont approuvés par l'administrateur général et envoyés avec une ordonnance de payement au caissier.

3° Pour la garde forestière. Sous la conduite du directeur, les gardes sont chargés de la conservation immédiate des bois.

Ils doivent surveiller activement les ouvriers et autres personnes occupées dans les bois aux travaux de culture, à la coupe et au façonnage du bois, etc.

Ils doivent garder les limites et instruire le directeur du dommage ou du dérangement survenus aux bornes. Celui-ci procède immédiatement à les rétablir, en observant les lois et règlements sur la matière; il fait annuellement un rapport sur le bornage et les frais qui en résultent.

La préservation des bois contre le vol et autres délits est aussi un objet qui exige toute l'activité des gardes. Les délits constatés font immédiatement le sujet d'un procès-verbal, transmis sans délai au directeur qui, après l'avoir enregistré, en fait tel usage qu'il juge convenable.

Les dommages causés par des animaux ou par des phénomènes naturels doivent être immédiatement portés à la connaissance du directeur, qui prend les mesures nécessaires, à moins que, pour cause de dépenses extraordinaires, il ne croie devoir en référer préalablement à l'inspecteur.

Les gardes doivent tenir un registre-journal, dans lequel ils inscrivent régulièrement l'emploi de leur temps, les délits et dommages qu'ils ont constatés et autres observations qu'ils jugent utile de faire. Tous les mois ce registre est soumis au visa du directeur, qui peut et doit en outre le vérifier à des époques indéterminées.

4° Pour les travaux d'exploitation et de récolte des produits.

L'exploitation ou la récolte des produits a lieu sur le rapport du directeur, vérifié par l'inspecteur et approuvé par l'administrateur général.

Quant aux coupes du bois, le directeur dresse annuellement un rapport sur les coupes à effectuer d'après le plan général d'aménagement et aussi d'après les circonstances des temps et des lieux. Le rapport fait connaître l'étendue des coupes avec indication des lieux, l'état physique des bois qui en font partie et la somme des produits. Ce rapport est transmis à l'inspecteur, qui le vérifie en partie sur le plan général d'exploitation, et en partie sur les lieux mêmes. Après cette vérification, l'inspecteur soumet un résumé des propositions contenues dans les rapports à l'approbation de l'administrateur général. En même temps le directeur conclut avec les ouvriers bûcherons les conventions et prend les mesures nécessaires pour procéder à la coupe et au façonnage du bois, etc., etc., à moins que le propriétaire ne préfère vendre le bois sur pied et le laisser couper, façonner, transporter, etc., etc., aux risques et périls des acheteurs.

Le plus souvent la vente des produits forestiers, et notamment du bois, a lieu en hausse publique pardevant un notaire, assisté du directeur forestier. Celui-ci, après avoir vérifié et signé le procès-verbal de la vente, en transmet le double à l'administration supérieure pour qu'elle l'approuve.

Pour les produits forestiers autres que le bois, et même quelquefois pour le bois nécessaire aux habitants des environs, la vente se fait de gré à gré, suivant des prix fixés d'avance par l'administration supérieure.

5° La rentrée des fonds a lieu par les soins du caissier, conformément aux états accompagnés de toutes les pièces y relatives fournis par le directeur, vérifiés par l'inspecteur-contrôleur et approuvés par l'administrateur général.

Les comptes du caissier avec toutes les pièces à l'appui, tant pour les recettes que pour les dépenses, sont également soumis au visa, à la vérification et à l'approbation des directeur, inspecteur et administrateur général.

6° La correspondance entre les divers employés doit être organisée de telle manière qu'elle exige le moins d'écritures possible, et ce surtout de la part des gardes et de la part du directeur forestier, dont il faut utiliser tous les moments plutôt sur le terrain dans la forêt que dans les bureaux.

Les employés de ces deux grades tiennent un journal dans lequel ils inscrivent jour par jour en peu de mots l'emploi de leur temps et leurs principaux actes. Les rapports, les ordres entre le directeur et les gardes se font autant que possible d'une manière verbale. Les rapports écrits, qui ont une importance majeure et une valeur permanente, sont littéralement transcrits dans un registre régulièrement tenu à cet usage. Pour ceux qui n'ont qu'une moindre importance, on peut en inscrire brièvement la substance dans le livre-journal.

Pour la tenue des écritures, on peut établir à peu près les rubriques suivantes :

1° Objets généraux.

- A. Cadastre.
- B. Description des limites.
- C. Cartes et plans.
- D. Actes organiques.
- E. Instructions de service.
- F. Lois, arrêtés, règlements.

2° Administration.

- A. Culture forestière.
    - *a*) Plans de culture.
    - *b*) Travaux de culture.
- B. Exploitation des bois.
    - *a*) Description des bois.
    - *b*) Plans d'exploitation généraux, périodiques et annuels.
    - *c*) Coupes des bois.
    - *aa*) Coupe, façonnage et transport, emploi et vente des bois.

bb) Produits accessoires divers.

C. Conservation et garde des bois.

a) Délits.

b) Dommages.

3° Titres de propriétés, de droits et de servitudes.

4° Mutations de propriétés. Achats, ventes, échanges, etc.

5° Comptabilité. Livres divers.

6° Personnel. Organisation. Traitements. Conduite, moralité. État sanitaire. Mutations. Encouragements.

7° Objets divers, suivant les besoins du service et de l'administration.

FIN.

TABLE DES MATIÈRES.

DEUXIÈME PARTIE.

ÉCONOMIE FORESTIÈRE.

FIN DE LA TABLE.

www.ingramcontent.com/pod-product-compliance
Ingram Content Group UK Ltd.
Pitfield, Milton Keynes, MK11 3LW, UK
UKHW020337180726
13839UKWH00002B/769